U0278441

Active Hope
(Revised Edition)

积极希望

〔美〕乔安娜·梅西（Joanna Macy）
〔英〕克里斯·约翰斯通（Chris Johnstone） /著
积极希望支持组/译

华夏出版社

HUAXIA PUBLISHING HOUSE

谨以此书致敬

生活在这个稀有而珍贵的地球上的繁荣生命

以及为应对我们的地球危机

而做出努力的我们每一个人

推荐序一：怀着积极希望行动起来

1997 年，环保组织不断收到可可西里藏羚羊被猎杀的消息，触目惊心的场景牵动人心。盗猎者在那片空气稀薄的高原上猖獗捕杀，数代保护者为了保护藏羚羊，常年在反盗猎第一线出生入死，甚至付出生命的代价。

艰难而惨烈的保护行动，高原之外的城市和乡村却几乎无人所知。有人认为盗猎问题无法遏制，有人担心藏羚羊在未来不长的时间里就要灭绝，有人为了公众对野生动物的命运漠不关心而愤慨，也有人感到深深的无力——作为一个普通人，为这无告的大自然，我可以做些什么呢？

幸运的是，在这关键时刻，仍旧有一群人没有丢掉希望，从未放弃努力。

环保组织发动各界人士声援并筹款支持"野牦牛队"在可可西里进行反盗猎斗争。野生动物摄影师通过拍摄让更多人看到野生动物的生存困境，科学家通过各种渠道推动保护政策的不断出台，大学生们在校园里点燃蜡烛为藏羚羊祈福……

为了斩断藏羚羊盗猎的非法贸易链条，自然之友创会会长梁从诚先生给英国首相布莱尔写了一封言辞恳切的信，列举了藏羚羊被盗猎、走私的情况，呼吁关注环境的人们共同制止藏羚羊绒及其制品的相关贸易，希望英国在这场斗争中能够站在前列。

布莱尔收到信后感到非常震惊，他回信说："你对非法猎杀藏羚羊的憎恶和你对这一物种前景的忧虑，让我深有同感。我一定会把你的请求转告联合国和欧洲联盟的环境主管当局，希望未来有可能终止这种非法贸易。"

随后，布莱尔就指示英国环保大臣配合中国禁止藏羚羊绒贸易。

1999 年 5 月 24 日，67 岁的梁从诚和多位志愿者一同登上了可可西里海拔 4,600 米的昆仑山口，在索南达杰自然保护站门口烧毁了从盗猎者手中缴获的 373 张藏羚羊皮。

手执火把的梁从诚说："我们用这把火向全世界表示，我们不允许这样的罪恶在这片土地上横行霸道。"

正是众多怀揣希望的行动者们的努力，推动了全社会的保护行动，最终让藏羚羊再次自由奔跑在青藏高原上。

如今的我们，再次面临和当初前辈们同样的挑战和困境：矛盾重重，无从下手，意见撕裂，无法达成共识。

这次我们面对的挑战是气候变化。

2021 年，联合国政府间气候变化专门委员会发布科学报告，进一步确认人类活动已造成气候系统发生了前所未有的变化：人为影响正在导致包括热浪、强降水和干旱在内的极端天气事件变得更为频繁和严重。

我们已经没有时间拖延，如今是应对气候问题成败攸关的时刻，我们必须立即采取行动。

然而，就在今天，人们在气候问题上的共识并没有我们想象的那么多。我们总会看到这样的表达："不认可""无所谓""与我无关""我改变不了什么"……

这样的情景，令我想起 20 世纪 90 年代，当可可西里的藏羚羊被盗猎者疯狂杀戮、面临生死困境时，面对缺乏社会关注所带来的无力感，仍旧有一批人站了出来。他们看到了危机，他们也认为行动会带来改变。最为关键的是，他们真的行动起来了。

因为他们相信，哪怕这个社会和我们期待的样子相距甚远，我们依然会保有对那个美好社会的愿景，并且为之付诸行动。他们相信，唯有行动起来，才能影响更多的人，汇聚更大的力量，让不可能成为可能。

在当年的行动者们的努力下，藏羚羊转危为安。如今面对气候变化、区域冲突等多重挑战，作为有担当的一代，你是否愿意也行动起来，在这个**大转折**时代承担无可替代的角色，贡献独一无二的公共价值？

在真实的行动过程中，爱、尊重、诚实、利他等一系列价值观都将被践行；在真实行动的过程中，我们的个体也将得以成长，让我们的生活更加丰盈，生命更有力量。

生物学家、联合国和平大使珍·古道尔曾说，人类的智识、自然的韧性、年轻的世代、不屈的精神，都是带来希望的理由。希望正在阅读本书的你，也能寻找到你心中希望的理由。

张伯驹

银杏基金会秘书长

自然之友理事

2023 年秋于北京

推荐序二：积极希望是一条内外兼顾的意识进化之路

我们活在一个充满多重危机的时代：全球气候变化、资源耗尽、人口老龄化、地缘政治冲突、战乱、金融危机、贫富不均、虚假新闻等，这些形成了一条超长的战线。

人们活得既焦躁又无助，最悲哀的是不经不觉中对未来失去了希望。可不久之前我们身处的世界还既繁荣又和平，而且持续的时间久了，乃至让我们觉得应该理所当然地"一切照旧"。无感与绝望，的确是现世的一种写照。

因身外危机所引起的对心理咨询的需求也大幅飙升。越来越多的父母急于探讨怎样让孩子理解、应对以及生活在这个遍布危机的年代。身体很诚实，我们的心理状态已经对外在环境的变化发生反应了，这些外界变化所引起的负能量巨大，使得我们不敢生育、不相信读到的新闻、没有足够的储蓄、不参与社区活动……我们看似活在一个没有希望的时代。在这样的大背景下，可以想象我读到本书时的那份狂喜。

首先，我认为积极希望的出现是一项伟大的成就。积极希望思想的存在，是人类的大智慧、爱、关怀、慈悲、正念结晶的展现，它的伟大在于在人类最迷茫无助之际，为人们注入了一股让人更有担当的正面影响力，助推还有机会发生的"大转折"。有了这套心法，我们依然站在面对挑战的起点上，需要你、我和更多的人一起来实践，才能一步步地展现人类珍贵的韧性与强大的创造力，扭转人类当前所面临的生存危机。只要有路，就不怕路远。同时，我深信，积极希望必须配以人的意识进化，才能发挥出它的威力。

什么样的条件可以帮助人类更快地进化、更好地运用积极希望呢？做组织变革相关工作多年，我逐渐意识到，成年人的成长或意识的进化，往往需要两个重要却又不容易做到的前提条件——开放与正面。遗憾的是，时下常有类似"我觉得我行我就行"那种打鸡血式的"正面"，那些片面的、麻木的、没有张开眼睛看清楚世界的所谓的"正面"，搞不好往往会令现况变得更糟糕。因此，开放与正面，是指在努力认清真相的同时，更加倍努力地帮我们找到强而有力的理由，让我们可以有理有据地对未来保持积极希望。

《领导者的意识进化》一书清楚地描述，人的意识进化的过程，不仅包括对外在环境的觉知会不断扩展，同时，对自身内在状态的包容、理解以及转化都会有质的变化。这并不是指单纯地"看到"一个更大的世界，而是这个发展中的成年人本身已经变成了一个更大的世界，这也正是《积极希望》中提及的更大的自我观——最终成为一个与生态共生的生态自我。

同时，因为看到和感知到的世界越来越宽广，伴随而来的可能性也有了质的提升。我们不单能看到可能性变多了，我们也能更用心地接纳和细细品味自己的困境，而非选择视而不见或逃避。两位作者用了上善若水的手法，引领我们以感恩之心来直面并穿越种种被困住、被卡住的状态；允许自己放慢，并于内心安宁的临在一刻找到为自己松绑的力量。这一系列连消带打的行动步骤，也是"内观自变"境界的最佳呈现。问题是，这是一长串的高难度动作，达到这种意识水平的人可以自主地、在空中翻两个筋斗就可以做到，但还是有很多人需要一个脚手架。从任何一个维度来说，积极希望都是一个完美的脚手架，是独一无二的那种。因此，我会毫无保留地推荐《积极希望》一书给地球上每一个人，并感恩作者们以及翻译团队将这块"雪中炭"带到华人世界里。

最后，引用狄更斯在名著《双城记》里开篇的第一句话：这是一个最好的时代，也是一个最坏的时代。我时常会因过去五年里世界发生的种种颠覆性事件而想到这句话。万般感恩的是，危难的时代也总是会激发人类的善良与美好。在这里，本书也正展现了人类的积极希望。

陈颖坚

资深组织发展顾问

fsa 联合创始人

译者序：成为自己的希望的参与者

"积极希望"是什么——答案在每个人心里

当看到"积极希望"这四个字，你会想到什么？

这是积极希望工作坊参与者眼中的"积极希望"：

"积极希望"是一种态度，是你在身处泥泞时仍然可以仰望星空；

"积极希望"是一种连接，与自己、与他人、与世界的连接，连接给予我们力量；

"积极希望"是一种大爱，对自己的爱，对社区的爱，对全人类的爱，还有对大自然的爱；

"积极希望"是一个安全的场域，在这里你可以勇敢地面对和表达心中的伤痛，爱与痛是硬币的两面；

"积极希望"是新的视角，换个角度看世界，世界是那么的不同；

"积极希望"还是行动，我们是自己的希望的参与者。

"积极希望"是什么？每个人都有自己的答案。

那答案是你，是我，是我们每一个人，我们就是"积极希望"。

亲爱的读者，我们诚挚地邀请你从本书中寻找属于你自己的答案……

"积极希望"在中国——大转折的故事

读者们也许会好奇，这本书的译者"积极希望支持组"是谁？这要从我们如何与积极希望结缘说起。2016 年，日本教练大师榎本英刚将"积极希望"带到中国，接下来的 4 年里，他每年都会举办积极希望工作坊，培养了上百名中国的积极希望践行者（其中包括本书的译者们），孕育了"积极希望"在中国落地的种子。

2020 年疫情期间，由 21 位践行者发起的"积极希望中国支持组"（简称"支持组"）决定用自己的行动书写"大转折"的故事。我们用"积极希望"的理论框架设计了 2 小时的线上体验工作坊，通过创造安全的场域，用积极希望螺旋四步骤作为引导流程，让参与者体验到真实表达、建立连接和自主选择的力量感。线上工作坊的流程和方式虽然简单，却有神奇的魔力，在短短的时间内让素不相识的陌生人彼此之间建立起信任和连接，通过分享，完成从"绝望、愤怒、无力"到"我不孤单，我可以选择，

我愿意为自己希望的改变而行动"的转化。线上体验工作坊如同
涟漪一般扩散，短时间内便触达数千人。在那些最艰难的时刻，
线上公益活动让人们有机会在安全的场域中重建与自我、与他人
及其世界的连接。

　　2020 年到 2023 年，支持组举办了数百场线上公益体验活动
以及多场面向践行者（线上活动带领者）的培训，支持了成千上
万的人。我们的实践得到了本书两位作者乔安娜和克里斯的大力
支持和认可。有的践行者还将线上工作坊的形式带到了北美、欧
洲和亚洲其他国家。支持组至今仍然坚持开展每月至少一次不同
主题的积极希望线上公益活动，积极希望之流持续涟漪中。

共译之旅——奏响时代的《欢乐颂》

　　翻译《积极希望》一书的想法始于榎本英刚老师的工作坊。
2020 年为了支持线上体验活动，我们翻译了乔安娜"重建连接"
系列视频的字幕，参与者热烈而积极的反馈坚定了我们翻译《积
极希望》的决心。我们希望通过中文版的出版，更广泛地传播
"积极希望"，让更多的人了解和加入积极希望的实践。

　　翻译这本书是一段共创之旅，历时 3 年多，其间经历了《积
极希望》英文第二版的出版和对新版的补充翻译和审校。参与

《积极希望》和它的姊妹篇《回归生命》两本书的译者超过 20 人。这也是一次成长之旅。《积极希望》一书的内容整合了多个学科领域的理论和实践，通过每章不少于两轮的共读共校，翻译组成员不断地推敲文字、分享心得，在深度的沉浸中，我们不断地被滋养。当更深地连接到"积极希望"所描绘的生命之网的宏大愿景时，我们的自我观、时间观及世界观也不断地被拓展。

与其说是我们选择了《积极希望》，不如说是这个时代选择了我们为"积极希望"代言。

在翻译组的启动会上，我们邀请大家用比喻来形容原书的风格和基调，其中《欢乐颂》得到最广泛的共鸣。"积极希望"让我们感受到每一个生命都是汇入"大转折"洪流中的一道溪流，在生命长河中奔腾不息。生命之流的跌宕起伏，溪流的碰撞和汇聚，就像一首时代的交响曲，我们正在共同奏响这个时代的《欢乐颂》。

展望未来——成为自己的希望的参与者

在过去 3 年多的时间里，"积极希望"在中国的实践生生不息，支持组还完成了《积极希望》姊妹篇《回归生命》的翻译，即将在本书后出版。除了每月举办的线上公益活动，我们也通过工作坊的形式支持青少年、大学生、公益工作者群体，并且持续在苏州、上海、北京等地举办为期一天或两天半的积极希望深度体验线下工作坊。线下工作坊引导参与者进入"积极希望"所描绘的更大的生命图景，让参与者从时间、空间及物种等多维度体验万物一体的系统力量，进入从人类个体到地球生命共同体的认知转换。积极希望参与者们也持续地在各自的工作和生活中实践和应用"积极希望"。同时，我们也在积极地参与全球"重建连接"社区的实践和建设，分享和贡献我们所代表的古老文化的视角和智慧。

后疫情时代，越来越多的人进入"大转折"的故事，我们希望通过《积极希望》和《回归生命》中文版的出版，让更多的人加入"积极希望"的实践，从"积极希望"的工具和理念中获取灵感和力量。

本书得以在中国出版，要感恩富有前瞻性的华夏出版社团队。出版社与支持组在翻译出版过程中的合作也是"积极希望"所倡导的协作共创实践的生动案例。

如果你被本书所描绘的愿景所打动，如果你希望成为自己的希望的参与者，请将"积极希望"带入你的工作和生活中，让积极希望的涟漪触及更多的角落。

积极希望支持组

2023.10.28

中文版作者序

无论在你自己的生活中，还是在我们所处的世界里，每当你面临困境时，是什么能够帮助你找到自己的力量并让你做出最好的回应？30多年来，我一直在许多领域探索这个问题。我曾经在医院与面临生死危机的人们一起工作，在精神健康诊所与深受心理问题困扰的人们一起工作，在工作场所与经历职场倦怠的人一起开展"职场健康关爱"培训工作坊……我曾与来自60多个国家的数以千计的人一起工作，他们对当今世界的状况深感担忧。在所有这些情境中，有一套我反复运用的核心实践方法帮助人们找到了自己的力量。我很高兴通过中文版的《积极希望》一书将其与中国的读者们分享。

乔安娜·梅西是我人生中最重要的老师，我从1989年起就与她一起密切合作。2008年，我安排了一次对乔安娜的采访，主题是"如何帮助人们面对为人类共同的未来所感受到的恐惧"。我计划基于此次采访写一篇文章。那次采访变成了一次双向的对话，我们彼此分享了自己所学到的经验和吸取的教训。当我回听采访录音时，心中升起了一个想法：我们可以把它写成一本书吗？然而，我们之间隔着大西洋，彼此距离 8,000 多公里。乔安娜在美国加州生活，我则住在英国，但我们并没有退缩，而是通过互联网视频以及往来的邮件继续着我们的对话。这次共同写书的经历让我获得了一些对我们这个时代非常深刻的启示：在世界各地的人们可以通过密切的伙伴关系携手合作，解决共同关心的问题，并为共同的利益展现他们的创造力。

过去的三年中，我也体验到了与中国积极希望践行者团队之间的富有创造力的合作关系。我喜欢"积极希望践行者"这个称呼，它指的是那些把"积极希望"在生活和工作中付诸实践的人。**积极希望**是一种有助于个人和集体福祉的实践，它包括三个关键步骤：第一，我们要直面所处的现实情况，如果我们屏蔽现实中的危机，就无法很好地应对它，当我们感觉被接踵而来的纷乱信息弄得不知所措时，本书中的练习会帮助我们稳定自己；第二，从这个起点开始，确定我们的希望是什么；第三，积极地朝着这个方向努力前进，使之更有可能实现。积极希望是一种日复一日的实践而不是拥有。当我们做到了付诸实践，我们的生活品质就会得到改善，并且，我们为集体福祉发挥作用的能力也会得到提升。

在新冠疫情爆发初期，积极希望中国团队应用"积极希望螺旋"的做法使我深受启发。在那段恐惧弥漫的日子里，他们邀请人们参加线上课程，通过"用积极希望重建连接"的体验活动帮助人们建立相互支持，调动人们的内在力量，支持集体复原力。2020年3月，我采访了积极希望中国团队成员隋海静，并录制了一个短视频放在网络上，以便世界各地的人们可以从中学习和借鉴。

我在复原力培训课程中经常讲的一句话是："也许我会给自己一个惊喜。"在经历危机的过程中，我们可能会以不同的方式应对。我们可能会崩溃和分裂，群体可能会互相指责，人类行为最糟糕的一面可能会出现。当我们表现出自己潜能更好的一面时，也会惊讶于自己能很好地应对困境，与他人携手合作共赢。本书的副标题是：如何以超常的韧性和创造力面对我们所处的混乱世界"，旨在邀请我们考虑第二种更有吸引力的可能性。当面对逆境时，你希望如何应对？你如何积极地支持你的希望？

当我身处困境时，常问自己一个问题："此刻一个关于复原力的故事是什么样的？"我们也许都会经历一些困难时刻，其最终的结果比我们想象的更好。危机可以成为一个转折点，任何关于复原力的故事都包含促使转折发生的步骤。在本书的章节中，我们将探讨一个大危机的时代如何也可能成为一个大转折的时代。

尽管在过去的 10 年内，我们的世界的状况在不断恶化，以至于有越来越多的人怀疑大转折发生的可能性。为了应对我们当下所面临的令人不安的现实，以及未来可能会面临的状况，乔安娜和我在 2022 年出版了此书的修订版，其中最重要的改变之一就是我们对于大转折的思考。

纵观历史，每一个重大转折的发生都是由许多小的步骤支持而促成的。如果你的内心有一个深深渴望的大转折，你如何才能应用积极希望来帮助你支持它的发生？在此修订版中，我们描述了每天都可以投身于其中的三种类型的大转折行动：第一种是带着意图发挥我们的作用；第二种是远离那些会造成伤害的行为；第三种是转向支持使生命繁荣和疗愈世界的选择和行动。我们知道这并不容易，因此我们在书中汇集了对此有所帮助的洞察和实践。我们非常感谢翻译团队的朋友们把此书翻译成中文出版。那么，是什么帮助我们以超常的韧性和创造力面对我们所处的混乱世界呢？我们邀请大家来阅读本书。

克里斯·约翰斯通

前言
PREFACE

2020年始于澳大利亚一场肆虐的野火，鸟儿从烟雾弥漫的天空中坠落，又结束于一场全球性疫情，近200万人死亡，并且疫情至今仍在蔓延。这是**大崩溃**成为主流的一年。

你感受到世界正在分崩离析，或者人类文明和地球生态系统正处于危险的衰退之中吗？这就是我们所说的**大崩溃**的意思。这个术语由大卫·科尔顿提出，他是一位有远见卓识的经济学家和作家，考虑到未来后代将如何谈论我们当下所处的时代，他提出了这样的说法。**大崩溃**不仅仅指几个灾难的孤立存在，它背后有一个更大的模式在发挥作用。

在采矿业中，金丝雀曾被用来当作毒气泄漏的警示信号。当它因吸入空气中不可见的有毒物质而死亡时，矿工们便知道有危险，需要迅速采取行动。全球鸟类数量的大幅下降也正在传递着类似的信息。自 1970 年以来，仅在北美就有近 30 亿只鸟类死亡。科学家们评论说，这一惊人的数据表明，北美的生态系统结构正在解体。整个世界都在崩溃瓦解，不仅仅是生态系统，社会系统也如此。

在过去的 50 年里，每过 10 年气候就变得更暖。极端气候也越发常见，如破纪录的热浪、野火、干旱、洪水和飓风，并且灾害趋势将继续恶化。随着全球持续变暖，因太热而无法居住的土地比例将从 2020 年的 0.8% 增加到 2070 年的 19%。这可能将迫使 10 亿 ~30 亿人流离失所。

受这些变化影响最大的是年轻一代。2020 年出生的孩子遭遇洪水、热浪、干旱、野火和农作物歉收的可能性，是他们的祖父母的 2~7.5 倍。"气候正义"一词提请人们关注这种代际不公正，并关注气候恶化会对生活在低收入社区和国家的人们造成更严重的伤害。

气候变化并不是我们要面临的唯一问题。人口数量和消费在增加的同时，淡水、鱼类、地表土等基本资源储备却在下降。极端的不平等正在加剧。世界上更多更富有的亿万富翁在积累财富，而数亿人仍陷于饥饿之中。新冠肺炎大流行带来的经济影响让许多人的生活难以为继，尽管如此，全球每年仍有 2 万亿美元用于军备和战争。

"希望"通常被认为是一种"事情将会变好"的感觉。大多数人身处混乱或困境时，很难有这种感觉。展望未来，我们不能再想当然地认为生存所依赖的资源——食物、燃料和饮用水，是用之不竭的。我们甚至不再能确定我们的文明能否存留下来，或者地球上的生存条件是否仍然适合复杂的生命形式居住。

我们首先将这种黯淡的不确定性命名为这个时代的一个关键心理现实。我们可能会思考：我们，包括我们的家庭、文明甚至物种，是否可以延续。然而，人们通常会因为对未来的恐惧而对此类不舒适的话题避而不谈。因此，这些恐惧往往被默默地压抑在我们的内心深处。我们经常听到诸如"不要谈那些了，太令人沮丧了"和"不要纠结于负面影响"这样的说法，这种方式关闭了我们的对话和思考。如果我们认为它太令人沮丧而无法对此进行思考或讨论的话，我们如何能开始应对所陷入的混乱呢？这种被阻断的交流导致了更致命的危险，那就是让我们的反应迟钝、麻木。这是我们的时代所面临的最大的危险。

当真正面对混乱、面对世界上正在发生的多重悲剧时，我们会感到不知所措，可能还会怀疑自己到底能做些什么。

而这正是我们的出发点——承认在这个时代我们所面对的现

实是痛苦、令人困惑和难以接受的。如果你发现自己感到焦虑、挫败或绝望，无须感到惊讶。

除了这个困难的起点，我们还想引入一些其他认知。那就是我们要认识到，在最愤怒时，我们的反应有时会让自己惊讶，我们可能会发现自己从未意识到的力量，或者体验到从未想象过的活力。现在是走出去寻找新盟友的时机，同时也是一个摒弃让我们误入歧途的思维和行为模式的时刻。在**逆境激活发展**的过程中，面对所处的困境而采取行动，可以让我们发现一种更活跃的感知，感知我们的生命是什么、我们在这里要做什么，以及我们真正能够做什么。

你希望这一切发生在自己身上吗？或者你愿意支持他人，让这一切在其身上发生吗？如果答案是肯定的，我们邀请你加入这一旅程。我们将一起探索如何获得意想不到的复原力和创造力，不仅去面对我们所处的混乱，而且在行动中发挥我们的作用。

积极希望是什么？

无论面对什么情况，我们都可以选择回应的方式。当面对巨大的挑战时，我们可能会觉得自己的行动起不了什么作用。然而，我们所做出的回应，以及我们有多相信这些回应很重要，都由我们对"希望"的感受和思考所决定。这里有一个例子。

简深切地关心着这个世界，她对自己看到的一切感到很震惊。她认为人类注定会失败，并深信因为人类已经深陷于破坏性的方式中，世界的毁灭也不可避免。"如果无论如何都不能改变未来，那做任何事情又有什么意义呢？"她问道。

"希望"这个词有两种不同的含义。我们已经谈及的第一种含义涉及抱有期望，期待喜欢的结果似乎有可能发生。但是，如果需要有这种希望才采取行动，我们就会在认为机会不大的时候止步不前。这就是简的遭遇，她感到如此绝望，甚至看不到尝试改变的意义。

第二种含义是渴望。当简被问到她希望看到什么样的世界时，她毫不犹豫地描述了自己所渴望的未来。她的渴望如此深切，以致令她感到受伤。知道自己希望、想要或者喜爱什么发生，正是这种渴望开启了我们的旅程。正是带有这种希望的行动才会真正带来改变。**消极希望**是等待外部机构来实现我们的渴望；而**积极希望**是成为实现希望的积极参与者，在走向希望的过程中，做我们能做到的事。

积极希望是一种实践，就像太极拳或园艺一样，是去**做**而不是**拥有**。这是一个我们可以作用于任何情况的过程。它包含三个关键步骤：第一，我们立足当下，认清现实，承认自己的所见所感；第二，我们根据希望事物发展的方向或想要表达的价值观来确定希望；第三，我们采取行动，让自己或所处境况朝着希望的方向发展。

积极希望不需要乐观主义，所以我们甚至可以把它应用在自己感到绝望的领域。积极希望的指导动力是意愿：我们**选择**想要实现的目标、采取的行动，以及想要进行的表达。我们不是在权衡机会、只在感到有希望的时候才行动，我们专注于意图，让它来指引。

建设我们的能力和承诺

大多数涉及全球性问题的书籍都集中描述了我们所面临的问题或所需要的解决方案。我们在本书中同时触及这两方面，聚焦于加强我们的承诺和行动能力，以及在疗愈世界的过程中，我们能最好地发挥自己的作用，无论那是什么。

由于每人对地球的关注点不同，我们拥有各自独特的兴趣、技能和经验，我们被不同的事物触动和召唤，我们也以不同的方式做出回应。本书的目的是，以你发自内心的真实召唤为指导，帮助你解决你最渴望解决的问题。

当我们意识到情况紧急并采取行动时，我们内心某种强大的东西就会开启。我们会激活自身的使命感，并会发现自身拥有前所未有的力量。能为世界带来改变这个意图具有强大的动力，它让我们的存在更有价值。而当我们践行积极希望时，不仅仅是出于责任感或价值感，更是进入一种鲜活积极的状态，从而转化我们的生命和我们的世界。

关于我们这个时代的三个故事

在任何伟大的冒险征程中，都会存在各种障碍。第一个障碍就是我们意识到，作为一个文明和某个物种，我们似乎正在走向灾难。尽管现在人们对亟待解决的全球性危机有了更多的讨论，但大多数政府和主流企业仍一如既往地追求短期目标，而这正是造成混乱的根源。

在第一章中，我们通过探索感知是如何被所认同的故事塑造的，来阐述危机和应对危机的行动规模之间的巨大差距。我们描述了三个故事，或者说是现实的三个不同版本。每一个版本都像一个镜头，我们通过它来观察和理解正在发生的事情。

如前面所说，我们称第一个故事为**大崩溃**，以此来命名生命所赖以生存的社会、生态、水文和大气系统中无数连锁性元素的逐渐衰退和崩溃。仇恨的加深和犯罪比例的上升、信任水平的下降，以及某些国家的政治领导人越来越多地使用谎言，都对**大崩溃**起到了一定的推动作用。

当退后一步，从整体来看待这个更大的故事时，我们更容易认识到，世界不只是简单地解体，它正在被撕裂。一个活跃的过程正在推波助澜，它与我们称之为**一切照旧**的第二个故事相关联。

一切照旧这个故事的假设是，几乎没有必要改变我们的生活方式。经济增长被认为是繁荣的关键，其核心情节是思考如何向前发展，而并不长远地考虑这种方法将把我们带向何方。直到2020年，这种叙事一直主导着主流文化。对许多人来说，它似乎是唯一存在的故事并被认为世界原本如此而被许多人所接纳。之后，新冠肺炎来袭。随着疾病、死亡和破坏波及越来越多的世界角落，崩溃就来到了舞台中央。当动荡出现时，人们渴望迅速回到过去的状态，这是可以理解的。然而，正如我们将探索的那样，回到**一切照旧**的状态只会加速崩溃瓦解。

第三个故事相信我们能够有一条不同的前进道路，并且有些人已在行动之中，他们包括坚定地捍卫世界的社会和生态结构、为正义和维护生命而积极行动的人，还包括重塑我们的做事方式的人。他们发展和支持使生命繁荣的系统和结构，从使用当地货币到太阳能合作社，从生态村到再生农业，这个故事包含了内在和外在维度的变化，在感知我们是谁、想成为谁，以及如何与彼此、与地球建立连接方面做出转化。

第三个故事的不同线索在一个更大的叙事弧中结合，并相互作用——从工业增长型社会到生命可持续性社会的划时代变迁。这场影响深远的变革无论在范围还是规模上，都与一万年前的农业革命和不到三个世纪前的工业革命旗鼓相当。我们称这个故事为**大转折**。

环视周围世界，我们可以看到每个故事正在进行的一些线索。虽然分布并不均匀，但这三种情况都在发生。有一些**大崩溃**的热点事件，其背后有一些令人不安的趋势在推动着它们，使它们更加突出。在另外一些背景下，**一切照旧**占据着主导地位，似乎是唯一可见的故事。与这两者相反，**大转折**往往被主流媒体排除在视线以外，或者被故意减少报道。我们将探索如何能够更清晰地将**大转折**故事带入公众视野。开启这个过程的一个强有力的问题是："什么在通过你而发生？"

故事通过人发生。我们的选择和行动决定了它们如何通过我们发生。如果把关注焦点从结果转移到过程上，我们可能不会去问"它会发生吗？"，而会问"什么步骤有助于它发生？"。我们怀着这种意图，发挥一己之力，帮助**大转折**发生。我们邀请你思考自己已经采取了哪些方式。对于知道会造成伤害的事，你终止了哪些行为？同时，你转向了哪些更符合自己的价值观和未来希望发生的事？无论是个人还是集体，我们都可以关注并感恩**大转折**已经通过我们而发生。这是一个起点。但仅凭这点并不够，我们还需要实践积极希望。

一切照旧变得更加难以维持，而**大崩溃**又在提前发生，这意味着我们将面临更严重的后果。我们知道，这些后果是由社会和生态进程中的大崩溃所导致的，而我们不知道的是，它将以怎样的具体形式，以什么样的速度到来。我们听到了各种版本，一个比一个更令人不安。面对世界上正在发生的现实，我们所希望的最好的结果是什么？我们如何才能积极地让这样的结果更具可能性，甚至实现？

虽然新冠疫情给很多人带来了损失和灾难，但它也为我们应对危机提供了一些案例。你可能已经目睹或参与了在全球各地如雨后春笋般出现的互助网络活动。人们停止飞行，减少工厂的烟雾排放，空气变得更清洁，碳排放量也在下降。在这些事情发生之前，其中任何一件都可能被认为是不切实际的希望。这就让我们思考一个问题：如果我们齐心协力，真正地下定决心去做出必要的改变，那么可能会发生什么？为了以可能发生的最好的方式来实现这一点，我们需要训练自己。

"重建连接" 螺旋

从第二章开始并贯穿全书的，是我们几十年来在工作坊中使用的一个赋能的流程。这个流程最初由乔安娜在 20 世纪 70 年代后期开发，慢慢地随着越来越多的同事的重要贡献得以发展和传播。除南极洲外，它被应用于每一块大陆，被不同的语种所使用，涉及数十万拥有不同信仰、背景和身处不同年龄层的人群。因为这种方法帮助我们恢复与生命之网和彼此之间的连接，所以它被称为"重建连接"工作。它不仅开发人的内在资源，发展外部社群，也使人增强能量与韧性，以面对各种令人不安的信息，并做出回应。在做这项工作的过程中，我们一次又一次地看到，当人们参与到**大转折**中并发挥自己的作用时，他们的能量和承诺就会被调动起来。

我们写这本书的目的是让你能体验到"重建连接"工作的变革与转化力量，并使用它来拓展能力，创造性地应对这个时代的危机。随后的章节将引导你体验"重建连接"螺旋的四个阶段：从感恩出发，尊重我们为世界感受到的痛苦，用新的眼光看世界，向前迈进（见图1）。这个包含四个阶段的旅程会随着你每次全新的体验而强化和加深。

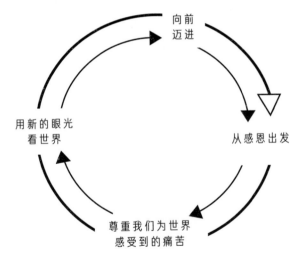

图1 "重建连接"螺旋

一个人的旅程可以获得丰厚的回报，而当一群伙伴一起学习和行动时，会有更多裨益。我们鼓励你去寻找那些可以一起相伴阅读本书或分享读书体会的人。积极希望线上免费课程也会提供一些练习。面对困境的关键是能够把问题或顾虑拿出来公开讨论，然而当探讨问题背后的原因时，通常会激起恐惧，而恐惧又会阻碍这样的讨论和分享。我们将探索是什么让谈论地球危机变得如此困难，并提供工具来支持人们进行这样的赋能对话。这是时代的召唤。

我们鼓励你使用书中所提供的工具。整本书贯穿着"试一试"的练习，就是邀请你来体验这些对个人、双人和团体都有价值的实践。

我们带来的是……

本书的核心是一种力量协作的模式，这种模式珍视团队合作，认为团队合作能取得比单打独斗更大的成就。我们两位作者合著此书就是一个很好的例子。在一次分享和交流"重建连接"工作坊的谈话中，我们萌生了这个想法。令我们感到惊奇和兴奋的是，在随后的多次谈话中，很多我们之前从未意识到的觉知和见解一一浮现。虽然"重建连接"的核心框架、概念和实践都历经验证，但我们仍可加入大量未曾发表的资料来不断丰富、锤炼和补充这些主题。

常言说，兼听则明，两个不同的视角可以看到三维的深度。作为合著者，我们背景不同，生活在不同的大洲，并从不同的源泉汲取经验，所有这些都通过我们的写作得到了表达，也对协同成果的丰富性做出了贡献。

乔安娜是佛教、系统思维和深层生态学的实践者，也是"重建连接"工作的创始老师。她现年 90 多岁，做了 60 多年的活动家，目前住在美国加州的伯克利，距离她的孩子和孙子孙女们比较近。她撰写或合作出版了 18 本书，包括 4 本合译的德国抒情诗人赖内·马利亚·里尔克的诗歌集。

克里斯是一名医生、教练和培训师，聚焦于复原力、行为改变和成瘾康复的心理学。克里斯生活在英国，他的线上复原力课程吸引了来自 60 多个国家的人。他从十几岁起就成为一名活动家，现在 60 多岁。30 多年来，他一直教授和撰写关于可持续发展的心理学知识。

我们两人是 1989 年在苏格兰认识的，当时乔安娜在带领为期一周的"深层生态力量"培训。这场培训对克里斯来说是改变一生的大事件。从那时开始，我们便一起合作。这本书描述了我们共同珍视的工作。它不是解决问题的蓝图，而是一套让人能够从中汲取力量的实践和见解，同时也是一场神奇的蜕变之旅。

　　作家和社会活动家丽贝卡·索尔尼写道："危机让我们与熟悉的事物分离，并让我们突然进入一种我们必须挺身而出去面对的新氛围。"面对困境时，我们认识到一切照旧是行不通的。而使我们更强大的是体验和扎根于比自己更伟大的事物中。诗人拉宾德拉纳特·泰戈尔用这句话表达了这一思想："就是这股生命泉流，昼夜在我的血管中奔流，也奔流于世界。"这正是我们在追随的生命之流。它指引我们走向让世界更丰富和滋养的生活方式。我们的基础和焦点在于践行积极希望。当我们通过参与其中来面对困境时，我们的生命因此而变得充实。

目录
\CONTENTS\

第一部分

大 转 折

第一章

关于我们这个时代的三个故事

在房间的中央，地板上放着三张大纸。"我成年后的大部分时间都生活在这种状态中，"艾莉指着离她最近的那张纸说，纸上写着**一切照旧**，"然后在那之后的四年里，我一直处在**大崩溃**的状态中，因为我越来越意识到我们所陷入的混乱，我感到完全不知所措。直到过去一两年，我才意识到第三个故事，也就是**大转折**，并投身其中。"我们正在积极希望工作坊中进行探索（见图2）。人们围坐一圈，听到此话频频点头，他们也在反思自己的经历，从逐渐意识到所面临的困境，到积极参与和应对危机。

你通过哪一个或哪几个故事来看待这个世界？在你的生活历程中，这些故事发生了什么变化？我们用**故事**这个词来指代理解世界的方式，这种方式把当下的情形置于一个更大的叙事中。心理学家也许会称之为我们的**元叙事**，它是我们所看到的由许多元

图 2　我们可以通过不同的故事看世界

素和事件相互作用而表现出的更大模式。在本章中，我们将更深入地探讨前言中提到的三个故事：**大崩溃、一切照旧**和**大转折**。认识到我们可以选择在什么故事里生活会带来思想解放；而参与一个好故事可以增强我们的使命感和生命力。我们将探讨这些故事如何塑造人们应对全球性危机的方式。

大 崩 溃

　　你认为人类社会面临的问题有多严重？用 0~10 进行评分，其中 0 代表完全没问题，10 代表灾难性问题（见图 3），你会打几分？

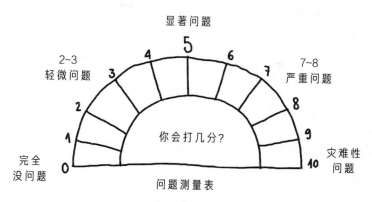

图3 我们面临的问题有多严重？

如果你打了分，你就会意识到有些事情不对劲。如果超过 7 分，你就会有危机感。让你感到担心或产生危机感的是什么？给它们命名，让它们成为你关注的焦点。而要解决任何问题，第一步就是注意到它。这也正是我们旅程的起点。

试一试：为你所担忧的事命名

顺其自然地回答下列开放句。你可以自己思考，把它们写下来，也可以和合作伙伴一起练习，轮流表达和倾听。当你不确定回答什么时，你只需说出句子的开头，看看会发生什么。每次尝试你都可能会有不同的发现。

> - 当考虑世界的现状时，我担心的一些问题包括……
> - 特别困扰我的是……

当你开始描述我们所面临的一系列威胁时，你正在描述的就是**大崩溃**。给这种大规模的持续恶化模式命名是有用的，虽然人们很少谈论它，但大多数人都意识到了。例如，2017 年，一项针对 18,000 人的国际调查发现，有 67% 的人认为世界正在变得越来越糟。2021 年，一项针对 10,000 名年轻人的国际民意调查显示，有 75% 的人认为未来是可怕的。可是如果你在日常谈话中提到这些担忧，会发生什么呢？最有可能的是，你会很快得到激烈的回应——这样公开讨论扰乱人心的信息是不受欢迎的。你可能会发现自己陷入了一场争论中，也有可能被对方贴上"令人沮丧的家伙"这样的标签。

尽管目前仍存在文化阻力，但将我们的恐惧公之于众是探索如何应对恐惧的必要步骤。回顾让我们担心的状况，以下是几个很明显的问题。我们在这里列出它们，是为了认识到要面临的一些问题，而不是试图对它们进行完整的全局概述。

- 日益恶化的气候危机；

- 战争威胁和战争成本；

- 自然界的污染和破坏；

- 极端不平等在不断扩大；

- 民主在逐渐瓦解；

- 对满足基本需要的恐慌；

- 社会逐渐崩溃；

- 错误信息和谎言阻碍人们认识真实情况。

大崩溃在全球的分布并不均匀，根据你所处的地理位置和所面临的环境不同，体验也会不同。你可能会关注一些不同的问题。我们在一个更大的故事中看到一系列威胁事件的关联性，可以帮助我们确定它们如何相互影响。

大崩溃描述的是一个过程，不是事件。对一些国家的社区来说，它们的世界不断被撕裂，这并不是新鲜事：原住民祖传的土地被偷走；入侵的殖民者通过几个世纪的财富掠夺，建立了一个极其不平等的世界秩序，只为少数特权阶级的利益服务。世界上有近一半的人口每天的生活费不超过 5.5 美元，2021 年有超过 9 亿人缺乏食物和营养不良。造成全球性崩溃瓦解的最大原因之一是不公正，再加上气候变化、战争、栖息地减少和疫情的有害影响，它们相互作用，不断恶化。

在这样的背景下，**大崩溃**是一个正在持续的进程，而且令人不安的是，它仍在不断积聚势头。我们可以从气候变化的恶性循环中看到这一点。例如，森林通过吸收二氧化碳发挥保护作用，但随着林地被砍伐，我们正在失去这一关键的过程。大型热带树木面临更大的危险，因为当空气变暖使土壤干燥时，地面便无法支撑树木。当全球气温上升超过 4℃时，被称作"地球之肺"的亚马孙雨林的大部分树木可能会死掉。如果这种情况发生，我们不仅会失去雨林的冷却效应，而且树木腐烂或燃烧树木释放的温室气体将进一步加剧气候变暖。**气候变化失控**一词描述了这种危险的状况，气候变暖会导致进一步变暖的发生（见图 4）。

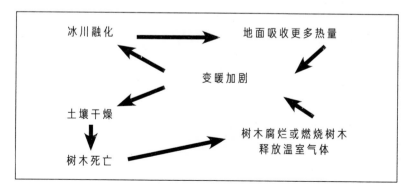

图4 气候变化失控导致恶性循环

由于陆地和海洋表面比冰盖吸收了更多的太阳热量，冰盖融化在一定程度上导致了另一个恶性循环。冰融化得越多，反射太阳的热量就越少，温度就越高，导致冰进一步融化。世界上大部分主要城市建立在主要的河流沿岸或沿海的港口，超过 6.3 亿的人生活在低于海拔 10 米的地方。随着格陵兰岛和南极洲西部的冰原继续融化，不断上升的水位未来可能将淹没伦敦、纽约、迈阿密、孟买、加尔各答、悉尼、上海、雅加达、东京和许多其他主要城市。

我们承认**大崩溃**，不仅仅是承认已经发生的灾难，也想让人们意识到一些已经形成的趋势，它们将使未来的状况继续恶化。

驱动崩溃过程的核心机制是系统动力中的**过冲和崩溃**。无论个体、组织还是生态系统，在超出其应对极限时，就会陷入崩溃状态。例如，人在长期经历严重的压力过载时，他们的内在储备会被耗尽，最终达到崩溃点。农业系统中也有类似的事件发生，过度耕作土地会导致土壤肥力枯竭。结果，每年都有一块面积相当于英格兰大小的肥沃土地变成沙漠。

崩溃是一个有用的术语，它意味着一个过程。在这个过程中，系统逐渐减轻其连贯性，减少其存储器，降低其功能，直至分崩离析。这条衰退之路包括不同的阶段。起初，随着边缘的磨损，系统可能会出现警告信号；然后，随着关键元素和功能的丧失，能力开始消失；最终，系统不再能够保持自我完整，达到一个临界点时就会分崩离析。我们可以看到这样的衰退进程发生在许多方面：农业系统、渔业、自然栖息地、生活在退化土地上的社区，以及与不断恶化的条件做斗争的组织甚至整个国家。

在一个相互关联的世界中，一个地区的崩溃会影响到其他系统，引起连锁反应。在2020《全球风险报告》中，来自54个国家的200多名科学家提出警告：气候变化、极端天气、生态系统衰退、粮食危机和淡水短缺等现象会相互影响并相互放大，这会使我们走上全球系统性崩溃的道路。认识到对未来生活的灾难性的预知所带来的心理影响，杰姆·本德尔和鲁伯特·里德在他们的《深度适应》一书中写道：

> 人们不仅很难意识到这种世界观，也很难接受它，因为预期社会崩溃意味着个体深感脆弱，同时对自己所爱之人的未来也会深感恐惧。

认识到我们所面临的危机的规模，你可能希望有一场大规模的动员活动，聚集世界各地的政府、组织、社区和人民，携手一起应对我们所面临的全球性危机。但是我们看到这种情况了吗？

我们可以做第二个评估表，调查人们如何看待我们对这些问题的集体反应（见图5）。其中0代表根本没反应，10代表可能达到的最好状态——具有广泛、赋能、鼓舞人心的国际反应。你会如何评价目前的集体反应呢？

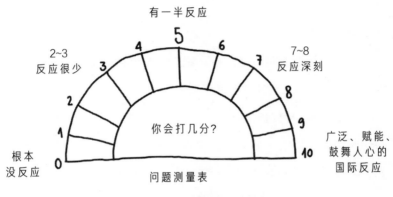

图5　我们的集体反应发展如何？

一切照旧

你的评分如何？在问题的严重性和集体反应的规模之间是否显示出很严重的不匹配？如果你像我们一样，给问题的打分很高，你很可能认识到了第二个故事，也就是**一切照旧**。这个故事的核心假设是，事情还不算太糟糕，我们可以按部就班地行事。从这个角度来看世界，周期性的灾难只是短暂的停摆。

我们用**一切照旧**来描述工业化国家的主流模式，以及这些国家认可的正常的做事方式。例如，现代的人们通常比前几代人消耗更多的能源和材料，并产生更多的废物。美国每年产生的垃圾填满垃圾车后，排成车队足以绕世界9圈。这还不包括那些不明显但更有害的废物，比如大气中的温室气体和污染海洋的微塑料。人类的很多行为具有极强的破坏性，但在**一切照旧**的故事里，并没有任何对改变现有方式的承诺或紧迫性。

每个故事都有自己对"做得好"和"做得不好"的假设。在**一切照旧**中，如果一个国家的经济在增长，它就做得好；一家企业在扩张，它就经营良好；个体的收入在增加，他就算做得好。因为强调增长，我们描述主流模式的另一个术语是"工业增长型社会"。为了让行业发展，销售额就要增长，人们会被鼓励去消费和购买比现在更多的东西，这就会导致过度发展和崩溃，因为生产更多的东西就需要开采更多的资源，会吞噬更多土地，随之产生的更多的废物又毒害着我们的世界。

一切照旧的有害理念建立在一套关于世界如何运作的假设之上。这些核心假设包括：

■ 经济增长对繁荣至关重要；

■ 自然资源为人类所用；

■ 促进消费对经济有利；

■ 生命并不平等，有些生命比其他生命更重要；

■ 其他民族、国家和物种的问题与我们无关；

■ 担心遥远的未来毫无意义，因为到那时我们已经死了；

■ 我们做不做无所谓，我们改变不了世界。

双重现实的困境

一切照旧和**大崩溃**对世界现状的描述截然相反。它们是共存于同一时空中的两种不同的现实。你可能认识和你生活在不同故事中的人，你自己也可能在不同的故事之间切换。有些时候我们可能在**一切照旧**的模式中，假设未来和现在很相似，又根据这样的假设来制订未来的计划。然后，被某些情况触发时，我们又开始对自己所处的困境有所觉察，从而在心智层面上认知到即将到来或正在经历的危机。

当人们第一次意识到这种崩溃瓦解的程度时，会感到相当震惊。主流模式一直避免关注太令人不安的问题，所以当真正面对这些恐怖的现实时，我们会感到毫无准备、不知所措和充满挫败感。我们和很多人交谈时，他们都描述了自己在这些不同故事之间反复切换的经历，仿佛陷于双重现实之中。生活在这两种截然相反的现实认知中让我们陷入痛苦的困境：混乱的现状令人感到可怕和沮丧，然而逃避，又让自己觉得生活在谎言中，与破坏世界的社会秩序沆瀣一气。当看到最糟糕的情况时，我们的信念可能会崩溃，认为自己无能为力；当逃避现实时，我们甚至认为没有必要去尝试改变。

在危机深处，一些平时不容易觉察到的东西可能会变得更加清晰。我们处在人类历史上一个独特的时代，全球人类正在经历集体创伤，即新冠肺炎大流行。这个经历使我们认识到并看到如何摆脱双重现实的困境。

近代历史上一个有教育意义的时刻

在健康心理学中，谈论改变最有效的时机之一，是在一个人刚经历其行为导致的有害结果之后。对一个重度吸烟者来说，当肺部感染引发的痛苦为其敲响警钟时，就是可教育的时刻。在2020年9月的联合国大会上，联合国秘书长安东尼奥·古特雷斯提出，全球性的疫情悲剧可能会为人类文明提供类似的时机：

> 这场疫病大流行是一场前所未见的危机，也是我们将一
> 次又一次地遭遇到的、会以不同形式出现的危机。新冠肺炎不
> 仅为我们敲响了警钟，也是全球应对世界性危机的一次预演。

要想让可教育时刻发生作用，我们需要从情境甚至悲剧中吸取教训。如果说这次全球性疫情给许多事情敲响了警钟，也许名列榜首的就是继续**一切照旧**，这会使当前的悲剧严重恶化。

巴西和美国的人口占比不到世界人口的 7%，而这两个国家2020 年因新冠肺炎导致的死亡人数占全球总量的近三分之一。它们的总统都以类似的方式领导国家应对新冠肺炎大流行和气候变化，那就是淡化担忧，延缓任何背离**一切照旧**的行为。我们不需要再犯同样的错误了。

当灾难发生时，我们很容易感到无力。第二个学习要点是，个人改变与政策变化如何相互补充、共同行动，以实现快速转化。随着疫病蔓延到全球各个角落，它需要个体和政策的转变，以使感染人数的上升曲线趋于平缓，并降低死亡率。如果我们未曾共同行动，在个人、家庭、社区、组织、政府和国际机构层面未曾做出巨大改变，那么据估计，2020 年全球死亡人数会是现在的

20 倍。通过对**一切照旧**踩刹车，我们阻止了一场灾难发展成更大的灾祸。同样，在气候变化领域，我们也要让另一条曲线，也就是温室气体排放曲线趋于平缓，然后下降。与应对新冠肺炎一样，通过采取更迅速果断的行动，我们可以降低出现最坏结果的可能性。

我们以前从未经历过这样的生命威胁，它在如此短暂的时间内影响到如此多的人。它暴露了我们共同的弱点。安东尼奥·古特雷斯指出了与此密切相关的第三个教训，他说："在一个相互关联的世界里，是时候承认一个简单的事实了：团结就是自身利益。如果我们不能理解这一事实，每个人都是输家。"

这三个学习重点——继续**一切照旧**的故事将带我们走向灾难、我们需要在各个层面上迅速做出转变以避免灾难发生、团结是自身利益，构成了第三个故事的核心元素。

第三个故事：大转折

虽然响应我们集体动员的测量仪还未显示出需要我们去解决地球紧急状况的高度参与程度，但如果你主动寻找，你就可以看到让人印象深刻的相关案例。在每个国家，在各行各业，人们挺身而出，想要发挥自己的作用。他们正在远离那些造成伤害的行为和模式。他们还在前行，秉持支持生命繁荣的行动、思维和存在方式。这就是**大转折**，你很有可能已经参与其中。

试一试：思考大转折如何已经通过你发生了

我们邀请你思考以下问题：

· 你以何种方式，在什么情况下挺身而出？

· 你正转身远离什么？

· 你正朝向什么前行？

就像给**崩溃**的故事命名可以帮助我们认识到它的可怕程度一样，将为生命而行动视为一个更大故事的核心，可以帮助我们看到行动的力量。每当你迈出一步，与其想着"那不会取得多大成就"而放弃，不如想一想这个行动将如何让一个更宏大的叙事得以表现。人类文化已经不是第一次发生根本性的变革了。

在一万年前的农业革命中，对动植物的驯化导致人类的生活方式发生了深刻转变。而几百年前开始的工业革命，也引起了类似的巨变。这些变化不仅体现在人类生活的小细节上，连整个社会的基础都发生了变化，包括人与人之间，以及人与地球之间的关系。

目前，一场规模宏大的重要转变正在发生。它被称为**生态革命**、**可持续发展革命**甚至**必要的革命**。这就是第三个故事，我们称之为**大转折**，并视其为这个时代的主要征程。它将把注定要失败的工业增长型社会转化为生命可持续性社会。在任何重大转变的早期阶段，最初的活动似乎只存在于边缘地带，但大转折已远远超越了这一阶段，很多方面已经在顺利进行中。时机到来时，大转折的观点和行为就会变得极具传染性——越多的人传递这些鼓舞人心的观念，它们就越流行。到了某个时刻，平衡被打破，转化到达质变的临界点时，曾经的边缘性观点和实践就会成为新的主流。

大转折的故事将为地球上的生命而行动的承诺、实现承诺的愿景、勇气和团结一心汇集起来。社会与技术创新也汇聚在一起，调动人们的能量、关注力、创造力和决心，保罗·霍肯将其描述为"历史上最大的社会运动"。在《祝福动荡》一书中，他写道："我很快意识到，最初估计的 10 万个组织有至少 10 倍的误差，我现在相信有 100 万甚至 200 万个组织在致力于生态可持续发展和社会正义。"

如果你没有在主流报纸或其他媒体上看到过这种关于史诗般转变的报道，请不要感到惊讶。主流媒体的注意力通常只关注单独的突发性事件。文化转变已在不同的层面发生，只有当我们退后一步，看到随着时间推移而产生变化的更大图景时，它们才会进入我们的视野。放大数码照片时，如果看得太近，我们就会看不到图片，只能看到像素。同样地，用放大镜看报纸上的照片，它们也只是一个个小点。当生活和选择就像这些点或像素时，我们可能很难认识到它们对更大范围的变化所做出的贡献。我们可能需要训练自己，看到更大的模式，并认识到**大转折**是如何在这个时代发生的。一旦看到，我们就更容易注意到它。当我们为其命名并生活于其中时，这个故事就会变得更加真实，更为我们所熟悉。

为了帮助你理解你可能已参与到**大转折**之中，我们确定了**大转折**的三个维度。它们相辅相成，同等必要。为方便起见，我们将它们标记为第一、第二和第三维度，但这并不代表任何顺序或重要性。我们可以从任一维度开始，看到它与其他维度的自然关联。我们需要遵循自己的意识，选择某一维度，选择如何行动。

第一维度：节制行动

节制行动旨在遏制和减缓由**一切照旧**的政治经济所造成的破

坏。我们的目标是保护仅存的自然生命支持系统，竭尽所能来保持生物多样性、清洁的水和空气，以及土壤和森林。节制行动还可以防止社会结构瓦解，照顾受到伤害的人，保护社区免受剥削、战争、饥饿和不公正的侵害。节制行动也能捍卫我们在地球家园的共同生存和生命完整性。

这个维度包括收集和记录工业增长对环境、社会和健康造成影响的证据，提高对它所造成的危害的认识。我们需要科学家、活动家和记者来揭示污染和患癌儿童数量上升之间的联系、化石燃料消耗与气候紊乱之间的联系，以及廉价产品的供应和血汗工厂的工作条件之间的联系。除非清楚地看到这些联系，否则我们很容易继续无意识地加剧世界的崩溃瓦解。当我们提升意识，了解更多的真相，并提醒他人注意我们共同面临的问题时，我们就成为**大转折**故事的一部分。

行动的方式多种多样。我们可以选择不再支持那些造成问题的行为和产品，可以与他人联合，参与各种运动、请愿、抵制、集会，采取法律程序、直接行动和其他形式的抗议活动。当节制行动进展缓慢或失败时，这可能会令人沮丧，但它也取得了重要的胜利。通过坚定和持续的行动，威胁到森林和湖泊的酸雨大大减少，而且臭氧层的空洞已在缩小。在英国，水力压裂技术已停止使用，而在加拿大、美国、波兰、澳大利亚和乌克兰，原始森林地区也受到了保护。

节制行动至关重要。它拯救了生命，拯救了物种和生态系统，并为后代保存了一些基因库。但仅凭这些，还不足以使**大转折**发生。有一英亩的森林受到保护，就有更多的森林被砍伐；有一个被从边缘拯救回来的物种，就有更多其他物种遭遇灭绝。尽管抗议至关重要，但依赖抗议作为唯一的变革途径，可能会让我们感到斗争后的厌倦或幻灭。在停止损害的同时，我们需要更换或改变造成损害的系统。这正是第二维度的工作。

第二维度：生命可持续性系统和实践

如果你仔细寻找，就能发现我们周围的文明正在被重塑。在医疗保健、商业、教育、农业、交通、通信、心理学、经济学以及其他许多领域，过去一直被接受的运营方式正在受到质疑和发生改变。这是**大转折**的第二条主线，它包含重新思考行事方式，以及创造性地设计社会结构和系统。

2021 年 9 月，哈佛大学宣布不再将其规模可观的捐赠基金（超过 410 亿美元）投资于化石燃料行业。哈佛这一"脱碳"举措是跟随另外 1,337 家机构的行动。这些机构剥离了超过 14 万亿美元的投资。撤资运动通过不投资有伤害性的行业，正在改写金融规则。与此同时，一些新型银行，如特里多斯银行（Triodos Bank），遵循"三重回报"的原则运作。在这种模式下，投资不仅带来经济回报，还带来社会和环境回报。越来越多的人把储蓄放到这种投资上，那些追求更大社会利益而不仅仅是为赚钱的企业就会获得更多的资金。这反过来又促进了以"三重回报"为基础的新经济板块的发展。事实证明，在经济动荡时期，这些投资非常稳定，使道德高尚的银行处于强大的财政地位。

受益于这类投资的一个领域是农业，出现了很多对环境和社会负责的农业方式。很多人考虑到工业化农业使用农药和其他有毒的化学物质，开始购买和食用有机农产品。公平的贸易措施改善了生产者的工作条件，而社区支持的农业和农贸市场增加了当地农产品的供应，缩短了食物的运输路程。另外，在绿色建筑领域，一些几年前被边缘化的设计原则现在被广泛接受。在这些领域，新的组织系统如正在萌发的茁壮绿芽，开始从一个有远见的发问成长起来："有没有更好的做事方式，一种会带来益处而不是伤害的方式？"

我们支持并参与建设这些新兴的生命可持续性文化时，就成为**大转折**的一部分。通过选择如何旅行、去哪里购物、购买什么、如何省钱，我们促成了新经济的发展。社会企业、微能源项目、社区宣讲会、可持续性农业和道德金融体系，都为生命可持续性社会的形成做出了贡献。然而，单靠它们是不够的。如果没有根深蒂固的价值观来支撑，这些新结构将无法扎根和生存。这是**大转折**第三维度的工作。

第三维度：意识转化

是什么激励人们投身于那些与自身利益无甚关联的项目或活动？人类意识的核心是关怀与慈悲，这一部分能够被滋养和发展，我们可以认为它是可以产生连接的自我。通过它，我们可以加深对世界的归属感。就像树木延伸它的根系，我们可以在连接中成长，从而允许自己于更深的力量源泉中汲取我们急需的勇气和智慧。

> 如果我们臣服于
>
> 地球的智慧，
>
> 我们就能像树一样，
>
> 向下扎根，向上生长。
>
> ——赖内·马利亚·里尔克

大转折的这个维度来自我们的内心、思想和对现实看法的转变。它源自神圣的精神传统中的洞见和实践，以及科学领域的革命性新发现。

一个重要事件是发生于 1968 年 12 月的阿波罗 8 号太空之旅。借由登月拍摄的照片，人类第一次看到地球的全貌。早在 20 年前，天文学家弗雷德·霍伊尔爵士曾说过："一旦有了从外部拍摄的地球照片，一个全新的思想就会涌现，其震撼程度可以媲美历史上任何一个新思想的诞生。"第一张照片的拍摄者、宇航员比尔·安德斯说道："我们远道而来是为了探索月球，结果最重要的事，是我们发现了地球。"

我们是人类历史上第一批拥有这种非凡视角的人。与此同时，科学界对世界如何运作有了全新的认识。盖亚理论把地球看作一个整体，其核心洞察认为，地球是一个自我调节的生命系统。

在过去的 50 多年里，这些地球照片，连同盖亚理论和现存的环境挑战，已经引发了一种新兴的自我思考方式。人们的意识正向更深层次的集体认同转变，我们不再只是这个国家或那个国家的公民，正如许多古老传统数千年来的教导，我们是地球的一部分。

随着这种意识进化的飞跃，科学与精神这两个以前被认为相互冲突的领域开始完美融合。很多精神传统的核心是意识到更深层次的统一与联系,而现代科学洞察也指向类似的方向。我们生活的这个时代正在形成看待现实的新方式。精神洞见和科学发现都让我们更加了解自己与世界紧密相连。

认识到我们同是地球人,我们便能够摒弃将一个群体置于另一群体之上的错误价值等级观念,无论是基于性别、种族、民族、阶级、性取向还是其他划分。同时,如果我们成长在一个按地位高低分配特权且富有的白人男性处于顶端的社会中,我们可能仍然会被一些由此产生的思维控制着,而我们可能没有意识到这一点。意识转化的一个关键点是去殖民化,也就是我们注意到殖民心态的内化表达,去认知并解决它。

当我们关注内在变化的边界,关注个人精神的发展,从而增强为世界行动的能力和渴望时,我们就参与了**大转折**的第三个维度。我们的慈悲心逐渐增强,从而增强了勇气和决心。我们对世界越来越有归属感,我们扩展滋养和保护自己的关系网,使我们免于倦怠和枯竭。在过去,改变自我和改变世界通常被认为是两件不同的事,非此即彼。但在**大转折**中,它们相互支持,不可或缺。(见图 6)

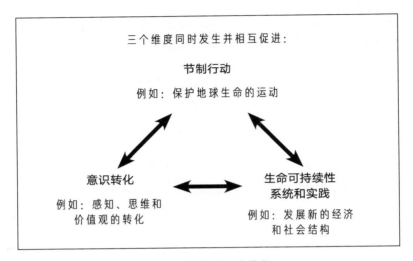

图 6　大转折的三个维度

积极希望和我们的生命故事

　　未来我们的子孙后代将回顾我们生活的这个时代。他们展望未来的出发点，以及所讲述的关于我们这个时代的故事，将由我们在有生之年所做的选择来塑造。在所有的选择中，讲述最多的可能是我们选择生命并且参与其中的故事。它设定了我们的生活背景，影响了所有其他决定。

　　通过选择自己的故事，我们不仅会影响到子孙后代继承的世界，也会影响到我们此时此刻的生活。当我们找到自己的故事并全身心地投入其中时，它就会通过我们发挥作用，为我们所做的一切注入新的生命力、更深层次的使命感，以及生活的动力。伟大的故事和令人满意的人生共享一个至关重要的元素，那就是一个引人入胜的故事情节，朝着有意义的目标前进，其成败远远大于个人得失。**大转折**就是这样一个故事。

第二章

信任螺旋

积极希望不是不切实际的幻想。

积极希望不是等待独行侠或救世主的拯救。

积极希望唤醒生命的美丽，

让我们为之而行动。

我们属于这个世界。

此时此刻，生命之网正在召唤我们。

历经漫漫长路，我们全力以赴。

心怀积极希望，我们愿意去探险，

去发现力量，与战友并肩作战。

积极希望是准备就绪去投入。

积极希望是准备好了解自己和他人的优势；

准备好去寻找希望的理由和爱的时机；

准备好去发现我们心灵的容量和力量、

敏捷的思维、坚定的目标、

自我的权威、对生命的热爱、

强烈的好奇心、

不容置疑的耐心和勤勉、

敏锐的洞察力，以及我们的领导力。

不去冒险或安坐于扶椅，这些不可能被发现。

大转折是一个充满积极希望的故事。为了最好地发挥自己的作用，我们需要反驳那些认为我们无法胜任这项任务的声音，那些说我们不够好、不够强大、不够明智而无法有所作为的声音。如果我们担心身处的困境太可怕而无法正视它，或者说无法应对它所带来的痛苦，我们就需要找到克服这种恐惧的方法。这一章描述了我们可以遵循的三条主线，帮助我们在面对世界发生巨大变化时挺起胸膛不退缩。这些主线可以结合任何场景，作为支持和提升我们应对能力的一种方式。因此，在后面我们将经常提到它们。

主线一：追寻探险

第一条主线是探险故事的叙事结构。探险故事通常从引入一个不祥的威胁开始，这个威胁似乎远远超出了主人公所能应对的范围。如果你感觉到困难重重，并且怀疑自己是否能应对挑战，那么将自己塑造成**大转折**中的角色会很有帮助。在历史悠久的传统故事中，英雄们在一开始几乎总会显得力量不足。

一个故事之所以成为探险故事，是因为在面对挑战时，主人公并没有退缩。相反，他们的探险之旅始于他们开始寻找盟友、工具和智慧来提升成功的概率。我们可以想象自己在类似的旅程中，**大转折**探险的一部分包括寻找可以帮助我们的同伴、资源、工具和洞察。

我们基本上会从看到境况危在旦夕并感受到自己因被召唤而挺身而出开始。接下来，我们只需跟随探险的主线，在前进的道路上锻造自己的能力，发现那些**只有在需要时才显露**的隐藏优势。当事情变得艰难或无望时，我们可以提醒自己，这类故事通常就是这样发展的。有时候我们会感到失落，这也是故事的一部分。在这样的时刻，我们的选择将会产生至关重要的影响。

主线二：积极希望

我们面临的任何情况都可能有一系列不同的发展方向，有些更好，有些更糟。积极希望包括确认我们所希望的结果，并在实现这些理想的过程中发挥积极的作用。**我们不会等到确信会成功才开始行动。**我们不会把自己的选择局限于看似可能的结果上。相反，我们专注于我们真正的渴望，然后朝着这个方向迈出坚定的步伐，这是我们关注的第二条主线。

当我们审视自己的生活以及我们应对世界问题的不同方式时，我们也可以应用同样的原则。我们可以通过不同的方式来应对世界危机，会有一系列可能的反应，从最好的到最坏的。我们可以用智慧、勇气和关爱来应对危机，也可以回避挑战、掩盖真相，或者把目光移开。参与积极希望，我们会有意识地选择最好的应对措施，也因此，我们甚至会对自己的表现感到惊讶。我们能训练自己变得更勇敢、更鼓舞人心、更有凝聚力吗？这将引出下一条主线。

主线三："重建连接"螺旋

"重建连接"螺旋绘制了一个赋能的过程，并通过四个连续的行动（站点）来实现：从感恩出发，尊重我们为世界感受到的痛苦，用新的眼光看世界，向前迈进（见图7）。"重建连接"螺旋是我们可以一次次寻找力量和新洞见的源泉。它提醒我们，我们比我们习惯性认为的更强大、更深刻、更具创造力。当我们"从感恩出发"，我们更能在这令人惊叹的鲜活世界中感受到生命的奇妙，接受生命呈现的众多礼物，感恩生命美丽和神秘的赠予。同时，审视世上我们所热爱和珍视的事物，会让我们意识到正在发生的大规模的侵害、掠夺和瓦解。

感恩之心使我们获得信任和精神上的鼓舞，支持我们在第二站面对严酷的现实。从感恩出发，我们自然地流向"尊重我们为世界感受到的痛苦"。投入时间和注意力来纪念我们的痛苦，为倾听我们对世界正在发生的事所感受到的情绪创造空间，这些情绪包括悲伤、恐惧、愤怒及其他。承认我们内心深处的痛苦，会把我们带入文化的禁区。从小我们就被要求振作起来，要么欣喜，要么沉默。通过尊重我们为世界感受到的痛苦，我们打破压制痛苦的禁忌。当内在的警笛不再静音或关闭时，我们内心的某些东西就会开启。这是我们生存的本能反应。

"尊重"一词意味着对价值的重视和认可。我们为世界感到的痛苦不仅提醒我们注意危险，也揭示了我们深切的关爱。而这种关爱源于我们与所有生命的相互关联。我们无须害怕。

　　在第三站，我们进一步进入觉知的转变，认识到我们为世界感受到的痛苦源于我们对生活的热爱。"用新的眼光看世界"，通过在更深层、更广泛的生态自我中扎根，我们可以看到我们所能获得的更广泛的资源网。第三站借鉴了整体科学和本土智慧，以

图 7　多利·米德奈特画的重建连接螺旋图

及我们的创造性想象力，它让我们对可能性有了新的看法，并对我们的行动力有了新的把握。

最后一站"向前迈进"，阐明我们为治愈我们的世界如何采取行动的愿景，并明确推动我们实现愿景的实践步骤。

"重建连接"螺旋提供了一个蜕变的旅程，增强了我们为地球上的生命而行动的能力。我们之所以称其为螺旋而不是循环，是因为每当我们通过这四站时，都会有不同的或更充分的体验。每一站都会将我们与世界重新连接，每一次相遇都能带给我们彩蛋般的惊喜。随着从每一站自然地流动到下一站，新的见解和启示创造了一种流动，并建立起一种动力。我们让世界通过我们而行动。

"重建连接" 的个人实践

螺旋提供了一个可靠的结构，当我们需要利用更大的生命之网所产生的复原力和资源时，我们就可以进入这个结构。如果一条令人不安的新闻让你心烦意乱，你可以专注于呼吸，花点时间感恩在那一刻支撑你的一切。当空气进入你的鼻孔时，感谢氧气，感谢你的肺，感谢一切带给你生命的东西。"我要感谢谁？"这个问题把你的注意力从你自己转移到那些支持你的人身上。

感恩的时刻会增强你直面纷扰的信息而不是回避它的能力。当你允许自己接受你所看到的一切，也允许自己感受你所感受到的一切时，当你为超越自身利益的事情感到痛苦时，这揭示了你与所有生命的交织。通过尊重你为这个世界感受到的痛苦，无论它以何种形式出现，你都会认真对待，并允许它唤醒你。

当你用新的眼光看待世界，你知道不仅仅是你自己在面临挑战。你只是一个更宏大叙事的一部分，一个持续不断的生命之流的一部分，它在地球上已流淌了 35 亿年，并在五次大灭绝中幸存了下来。当你沉浸于这更深入、更强大的生命之流中，并体验到自己是其中的一部分时，一系列不同的可能性就出现了。它拓宽你的视野，让你意识到有可用的资源。因为通过同样的连接渠道，世界的痛苦在流动，而力量、勇气、新的决心以及盟友的帮助也在流动。

随着用新眼光看所带来的观念的转变，你无须精心设计每一步，相反，相信你的意图和所有的一切都会应运而生。专注于发挥你的作用，做出自己的贡献以及你带给积极希望的独特礼物。当进入"向前迈进"这一站时，你会知道下一步是什么，然后走出这一步。

这里描述的是一个简要的螺旋形式，可能只需要几分钟就能完成。就像分形在任何尺度上都具有相同的特征和形状，螺旋的形式也可以应用于广泛的时间范围，螺旋的过程可以发生在几分钟、几小时、几天或几周内。当你怀着为地球生命而行动的意图通过这四站时，你越熟悉这段赋能之旅，就会越信任它。每一站都包含了隐藏的深度、丰富的意义和值得探索的宝藏。接下来，我们将进入更多的篇章。

试一试：支持积极希望的七个开放句

这是一种用七个开放句练习螺旋的方式（见图 8）。你可以用作个人练习，看看在每个开放句的提示下，什么会自然流动出来。你可以把它们写在笔记本上，或者说出来。这个练习也适用于两人一组的结构对话。你可以邀请一位朋友："一起来做一个螺旋练习吧！"然后你们轮流完成下面的句子。我们的出发点是看看我们的世界正在发生什么，然后看看这些提示性语言会带来什么。

1. 我爱……

2. 我想感谢……

3. 展望我们迈向的未来，我的担忧是……

---

4. 面对这些担忧，激励我的是……

5. 展望我们迈向的未来，我深深希望的是……

6. 为支持我的希望，我想发挥的作用是……

7. 下周我将采取的行动是……

图8 支持积极希望的七个开放句

当两人一组做这个练习时，我们发现为每个句子设定 1~2 分钟的计时可以增加在螺旋中移动的节奏感。每个句子花 1~2 分钟，整个对话大约需要半个小时。将最后三个句子组合在一起练习也很有效，让其中一方完成句子 5、6 和 7，然后再进行交换。

第三章

从感恩出发

著名心理学家罗伯特・埃蒙斯这样定义感恩："感恩是对生命感知到的惊奇、感激和欣赏。"

情绪低落时，让你专注于积极的事情好像很勉强。然而，认识到生命中的礼物会使人心理稳定，增加心理浮力，在进入波涛汹涌的水域时保持平衡和镇定。简言之，当生命本身的延续受到质疑时，我们对活着本身的感激，就会激发自身的复原力。我们对生命本源的好奇，使我们能够面对这个时代前所未有的危险。

感恩增进幸福感

最近的研究表明，体会过深层次感恩的人往往会更快乐，对他们的生活更满意。人是因为快乐而感恩，还是感恩让人更快乐呢？为了找出答案，志愿者们被要求写感恩日记，在规定的时间段内记录让他们感到感恩的事。最后试验表明，这种简单的干预对情绪有着深刻而稳定的影响。研究结果如此惊人，如果能够发明一种类似效果的药物，它很可能会被描述成新的神药。

写感恩日记会使人将注意力集中在感觉良好的事情上。如果在每晚上床睡觉前，你问自己："今天发生了什么让我感到愉快或感激的事？"这个问题就会引导你的注意力，你会开始在记忆中寻找那些让你面带微笑或感激的时刻。它们可能是一些小事，比如和朋友的谈话，看鸟打架，或者完成任务的满足感。当我们忙碌时，像这样的时刻很容易从我们身边溜走，但感恩日记可以将它们汇聚成一个滋养我们的记忆池。这样一个简单的步骤能够训练我们头脑的敬畏能力，可以对抗恐慌或麻木带来的破坏性影响。感恩是可以学习的技能，可以通过练习而提升。它不依赖于事情是否进展顺利，也不依赖于接受他人的帮助。它仅仅是让你通过注意到已经发生的事而让你感觉良好。

试一试：感恩练习

注意：扫描最近的记忆，找出在过去 24 小时内发生的让你满意的事。不一定是大事，只是一些让你有这种想法的事：

"我很高兴发生了这样的事。"

品味：闭上眼睛，想象你正在又一次经历那个时刻。注意颜色、味道、声音、气味，以及身体的感觉。同时注意自己内在的感觉。

致谢：是谁或是什么促成了那一刻的发生？还有其他人或物参与吗？如果有，想想如何向他们表达你的谢意。

感恩有三个要素：第一是欣赏——珍视所发生的事；第二是归因——认识到他人的作用；第三是致谢——不仅体验到感恩，而且要落实到行动上来实现感恩。

感恩建立信任和慷慨

感恩滋养信任，帮助我们认识到我们与他人相互依赖的时刻，让我们更多地去报答和帮助他人，也鼓励我们用增强周围支持网络的方式行动。心理学家艾米丽·波拉克和迈克尔·麦卡洛指出："感恩提醒我们，总有人把我们的幸福放在心上，它激励我们通过互惠来增加自己的社会资本储备。"这让感恩在合作行为和社会进化中发挥着关键作用。

感恩是消费主义的解药

感恩增加幸福感和生活满足感，而物质主义重视物质财富甚于有意义的人际关系，这会产生相反的效果。心理学家艾米莉·波拉克和迈克尔·麦卡洛在回顾这项研究时得出结论："把追求财富和财产作为最终目的，这与低幸福感、低生活满意度和缺乏愉悦感相关，这样的人也更容易出现抑郁和焦虑症状，他们会出现更多的身体问题，如头痛和各种精神失调。"

现在经常用"富贵病"来描述因对财产和外表过分关注而产生的情绪困扰。心理学家奥利弗·詹姆斯认为它是一种心理病毒，它感染我们的思维，并通过电视、光鲜的杂志和广告传播。这种情况的核心问题是在传播一种有害的信念，即幸福感基于我们的外表和所拥有的东西。

当女性被要求评价其自尊和对外表的满意度时，在她们看了女性杂志上的模特照片后，她们对自己的评价都下降了。我们的感受在很大程度上取决于和谁比较，饮食失调人数的增加是以瘦身模特为参照物的结果之一。1995 年，电视被引入斐济。在那之前，岛上没有记录在案的贪食症病例。然而在随后的三年内，有11% 的斐济年轻女性患上了这种饮食失调症。

感恩是把自己的经历看作礼物，给予认可。而广告业则让你相信自己错过了一些东西，不再感恩。在一个面向市场营销专业人士的网站上，"广告人的不满法则"是这样描述的：

广告人的工作就是在观众中制造不满情绪。

如果人们对自己的外表感到满意，他们就不会去买化妆品或减肥书……

如果人们对自己满意，对自己的生活状态满意，对自己的所得也满意，那他们就不是潜在的顾客，也就是说，除非你让他们不开心……

观众在看到自己可能变成的模样后，对自己现在的外表就不再满意，他们就有了改变的动力，也就会去购买了。

研究表明，在广告上花费越多的国家，国人的生活满意度越低。抑郁症已经达到了流行病的程度，在西方世界，每两个人中就有一人可能在生活中的某个时刻经历一次重大发作。消费型的生活方式不仅破坏了我们生存的世界，也让我们自身痛苦不堪。感恩能在我们的康复过程中发挥作用吗？

研究员蒂姆·卡斯尔在研究"是什么在驱动物质主义"的过程中，发现了两个主要因素：不安全感和表达物质价值的社会模式。感恩通过提高满足感来对抗不安全感，让我们从激烈的竞争中抽身。它将我们的注意力从"缺乏什么"转移到"拥有什么"上。如果我们要设计一种文化疗法，它既能保护我们免于抑郁，又有助于减少消费主义，那它肯定会包括培养我们体验感恩的能力。训练自己的感恩技能是**大转折**的一部分。

试一试：感恩的开放句

　　每一个开放句都可以作为体验感恩的邀请。你可以自己思考这些句子，把它们写下来，或者和搭档一起练习，轮流说和听。每句话都值得花上几分钟或更长的时间。当你不知道该说什么时，回到句子的开头，看看会自然地流淌出来什么。每次练习都可能有所不同。

- 生活在地球上，我喜欢的事是……
- 在我小时候，有一个很神奇的地方……
- 我喜欢做的事是……
- 我喜欢制作的东西是……
- 一位（曾经）帮助我建立信心的人是……
- 我欣赏自己的是……

感恩的障碍

有时候，感恩来得很容易。如果你正坠入爱河、好运连连或对事情的进展感到满意，那么你可能会很自然地感受到感恩和感激。但如果没有那么多东西让你感到快乐呢？当关系变得糟糕，当你经历了伤害或侵犯，或者生活前景看起来黯淡的时候，你会怎么想？

如果你正面临人生或世界的悲剧，寻找感恩对象一开始可能会让你觉得很不舒服，甚至让你想拒绝。其实你不必对所有发生的事都心存感激，真正重要的是，你能认识到有一个更大的图景和视野，它总是包含积极和消极两个方面。为了寻找到力量，厘清困难，并建设性地加以回应，我们需要把自己最好的一面展现出来。感恩能做到这一点。它也是一种我们可以随时使用的资源。

这里有一个事例。

茉莉亚刚刚看到新闻。某难民营中的一所学校被炸了，很多孩子被杀害。她感到怒不可遏，愤怒得几乎说不出话来。然后，突然间，她想起了报道这件事的记者。他们冒着生命危险让她可以随时了解情况。新闻编辑们也可能冒了很大的风险，选择播出这条新闻，而不是那些最新的名人八卦。当想到他们的努力时，她感到很感激。这种感激提醒她，不只是她一个人孤独地关心这件事。

当发生暴力和不公正的事件时，人们往往会失去信任，这会使人更难体会到感恩。即使得到了帮助，不信任仍让我们怀疑帮助的背后隐藏着什么计谋。信任正在被破坏或信任水平正在被低估，信任能被重建吗？信任和感恩相辅相成，感恩能够提升信任。我们需要向具有这种品质的人学习，以提高感恩能力。

向豪德诺索尼学习

1977 年秋，来自美洲的原住民豪德诺索尼（又称易洛魁人）联盟的代表们前往瑞士日内瓦参加联合国会议。他们分享和呈现了一个警示和一个预言，还有他们的核心价值观和世界观。其中有一段众所周知，来自他们的"对意识的基本呼唤"：

最初的指示告诉我们，行走在地球上的人类对创造和支持生命的所有神灵要表示崇高的尊敬、爱戴和感恩。我们向

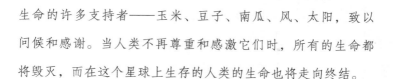

生命的许多支持者——玉米、豆子、南瓜、风、太阳，致以问候和感谢。当人类不再尊重和感激它们时，所有的生命都将毁灭，而在这个星球上生存的人类的生命也将走向终结。

易洛魁人认为，在万物相互依存的世界里，感恩对生存至关重要。从西方个人主义的角度来看，这种观点似乎很难被理解。在**一切照旧**的故事里，自我奋斗取得成功是会获得最高赞赏的胜利之一。如果我们能自力更生，为什么要感谢豆子和玉米？人类可以完全独立或能够自力更生的观念，否定了我们需要依赖他人和自然世界的现实。

易洛魁人把人类视为更大的生命网络中相互交织的线，植物、河流和太阳作为互助社区中的伙伴而受到尊重和感谢。如果有这样的人生观，你就不会砍伐森林或污染河流，而会像"对意识的基本呼唤"里所描述的那样，你接受其他生命形式成为大家庭的一部分。"我们的生命与树的生命共存，我们的幸福取决于植物的幸福，我们是四脚兽的近亲。"

易洛魁人把表达感恩作为"先于一切的语言"，每一次会议都从感恩开始。感恩不再存在于每年的某一天，而成为一种生活方式。令人惊讶的是，在感恩中，易洛魁人并不关注财产或个人的运势，而是关注大自然的恩赐。虽然人们用自己的语言自发地表达感恩，但它的顺序和格式却遵循一个传统的结构。易洛魁六民族之一的莫霍克人发表的一份感恩致辞的开头是这样的：

人类

今天我们聚集在一起，我们看到生命的循环在继续，我们被赋予了责任，与彼此及所有生物平衡而和谐地生活。所以，现在，当我们作为人类互相问候和感谢时，我们心连心。

现在，我们万众一心。

地球母亲

我们感谢地球母亲，她给了我们生命所需的一切。当我们在她身上行走时，她支撑着我们的脚。从最初到现在，她一直持续不断地关心我们，这给予我们快乐。

对我们的地球母亲，我们致以问候和感谢。

现在，我们万众一心。

感恩的话语继续流向世界的水系；生活在水里的鱼；植物，包括树木、农作物和草药；动物；每天都"提醒我们去享受和感激生活"的鸟儿；风；"带来使生命更新之水"的电闪雷鸣；我们的长兄——太阳；"掌管着海洋潮汐运动"的祖母——月亮；"像宝石一样布满天空"的星星；导师；造物主或伟大的神灵……最后，"如果还忘记了什么，请每人以自己的方式表达类似的问候和感谢"。在每一个要感谢的元素都被提及后，我们虔诚地重复着："现在，我们万众一心。"

这样的感恩帮助我们本能地认识到，我们属于一个更大的网络，我们对其福祉发挥着重要的作用。正如易洛魁酋长利昂·谢南多在 1985 年的联合国大会上的讲话中所说："每个个体都负有神圣的责任去保护地球母亲的福祉，所有生命都来自地球母亲。"

不同的故事带给我们不同的意义。在**一切照旧**的模式中，几乎所有东西都是私有的。世界上那些不属于个人或公司所有的东西，比如空气或海洋，就不被视为我们的责任。感恩被看作一种礼貌，而不是必需品。而易洛魁人在"对意识的基本呼唤"中，讲述了一个完全不同的故事。在这个故事中，我们的幸福依赖于自然界，感恩让我们保持关爱生命的初心。如果忘记这一点，我们所依赖的生态系统就会从我们的视线中消失，世界也会随之瓦解。

盖亚理论中的现代科学

就像依赖植物作为食物一样，我们也依赖植物获得可呼吸的空气。与我们相邻的星球——火星和金星，它们的大气可以在几分钟内就杀死人类，而最近我们才发现地球上的大气层曾经与这两个星球相似。30 亿年前，地球的空气就像火星和金星的空气一样，二氧化碳含量高，几乎没有氧气。在接下来的 20 亿年左右的时间里，通过早期植物的作用，地球的氧气量大幅度增加，而二氧化碳大量减少。这使地球上的大气变得适合人类呼吸。

氧气是一种高度活性气体，通常它的含量很难保持在 20%，也就是我们现在的水平。而数亿年来，氧气一直保持在这个水平，这是化学知识无法解释的。正是这样的事实，使得英国科学家詹姆斯·洛夫洛克提出了一个假设：我们的地球是一个有生命的、能够自我调节的系统。这个假设后来发展成为盖亚理论。他是这样描述自己的顿悟时刻的：

> 我突然有了一个绝妙的想法。地球的大气层是一种非常不稳定的气体混合物，但我知道，在相当长的一段时间里，它的成分都没有发生变化。有没有可能地球上的生命不仅创

造了大气层，而且在调节它，使它保持恒定，保持在对生物体有利的水平上？

盖亚理论的核心原则是"地球是一个自我调节的系统"，这与人类的身体保持动脉血氧和温度稳定的方式，或者白蚁群落保持内部温度和湿度稳定的方式相似。这种生命系统保持自身平衡的能力被称为"**内稳态**"。盖亚理论揭示了生命如何自我关照，不同的物种又如何通过共同行动来维持自然的平衡。

随着恒星年龄的增长，它们往往会燃烧得更亮。因此，据估计，太阳现在释放的热量至少比 35 亿年前地球上生命开始出现时多了 25%。然而，地球是不是也随之变热了 25% 呢？如果是这样，人类早就不存在了。庆幸的是，我们有植物。植物通过吸收二氧化碳，减少了温室效应，使地球温度保持在一定的温度范围内，以适合像我们这样复杂的生命体生存。

回馈与奉献

一位木材公司的主管曾经说过，当他看到一棵树时，他看到的只是树桩上的一堆钱。与之相对的是易洛魁人的观点：这些树应该受到感激和尊重。如果了解树木对我们的呼吸有多么重要，我们就会想去支持它们，这样的动力会让我们进入一个再生的循环。在这个循环中，我们获取生活所需，同时也回馈社会。

而我们现代的工业化文化已经忘记了互惠原则，由此森林继续缩小，沙漠继续扩大。为了应对这种危机，我们必须发展一种互动共舞的生态智慧。它是一支感恩之舞。

试一试：感谢支持你生命的元素

下次看到一棵树或一株植物时，花点时间来表达谢意。每次吸气时，体会对氧气的感激之情。如果不是植物能够改变大气层并使其适合人类呼吸，氧气都不会存在。当看到所有的绿色植物时，也要记住，植物通过吸收二氧化碳来减少温室效应，拯救了我们的世界，使世界不至于变得过热。如果没有植物和它们为我们所做的一切，我们就不会活到今天。当你的肺吸满和呼出气体时，体会充盈于身体触摸和节奏间的感恩之情。

数百万年前被远古植物消除的二氧化碳，在我们燃烧化石燃料时又重回大气层。由于过度使用化石燃料，我们正在逆转地球

的冷却机制，使气温不断升高。今天的森林不仅通过吸收二氧化碳，还通过释放一种有助于形成云的物质，来帮助地球冷却。云层有助于降温，并增加当地的降雨。当热带森林被砍伐和烧毁时，当地的气候变得越来越炎热干燥，使树木再生更加困难。像亚马孙这样的热带森林不仅受到砍伐的威胁，还受到与气候变化相关的干旱的威胁。森林需要我们的帮助，正如我们需要它们一样。

　　我们呼吸的大部分氧气来自很久之前死去的植物。我们可以感谢这些现代植物的祖先，但我们无法回报它们。当我们无法回报一个恩惠时，我们可以把它传递给其他人或事。利用这种方法，我们可将自己视为一个更大范围内的施与受的一部分。我们可以把从过去得到的给予未来。当我们面对气候变化等问题时，内疚和恐惧不一定是唯一的动机。在支持生命的自组织智慧方面，感恩带来的动力同样强大而坚实。

第四章

尊重我们为世界感受到的痛苦

帕西法尔是亚瑟王的宫廷里一位很受欢迎的骑士。他外出执行任务时，发现自己骑行了好几天，穿越了一片满目疮痍、寸草不生的陌生荒原。为了寻找食物和住所，他来到一个湖边，看见两个人在船上钓鱼，其中一位身着皇室礼服。

"我在哪里能找到住处？"帕西法尔喊道。

这位盛装打扮的渔夫，正是渔王。他邀请帕西法尔到附近的城堡逗留，并告诉他城堡的方向。很快，帕西法尔就到达渔王的城堡，受到了朝臣的欢迎。帕西法尔被护送着走到一个大厅，那里正在举行一场盛宴。国王躺在一张吊床上，腹股沟的伤口让他看起来非常痛苦。

国王中了一个魔咒，这个魔咒让他的伤口无法愈合。这个魔咒还从统治者和他的土地那里夺走了再生的力量。然而，直到夜幕降临，宫廷里也没有人提起他们面临的恐惧。

但是，他们知道，当一个骑士出现并向国王提出一个充满慈悲的问题时，魔咒就会被打破。可是帕西法尔从小受的教育让他相信，向当权者提问是不礼貌的，甚至是不正常的。所以，尽管他走近国王去问候他，并能闻到国王伤口的恶臭，但他仍表现得若无其事。

第二天早晨，帕西法尔醒来发现国王、他的臣仆和整个城堡都消失了。他出发后，终于找到了一条离开荒原的路，回到了亚瑟王的宫廷。宫廷为这位备受敬仰的骑士的重新归来举行了一场盛宴。庆祝活动被一个女巫的突然到来所打断，这个女巫名叫坎德瑞，她丑陋但聪慧。她公开斥责帕西法尔缺乏慈悲心，不去询问渔王及其人民的苦难。

"你称自己为骑士，"她喊道，"看看你！甚至都没有勇气去询问到底发生了什么。"

被坎德瑞的指控和自己的挫败感所困扰，帕西法尔抑郁成疾。最后他意识到他必须回到渔王的宫廷。帕西法尔花了很多年，经历了许多劫难，才再次找到那座神秘的城堡。而这时，他发现国王正陷于一个更大的痛苦之中。

这次，帕西法尔大步走向国王，跪在他面前。"我的主，你怎么了？"他问道。帕西法尔的提问充满了关切，这立刻产生了强烈的效果。国王的面颊恢复了颜色，他从沙发上站了起来，康复了。就在同一时刻，荒原再次恢复了生机，魔咒被打破了。

帕西法尔的故事，是圣杯传说的一部分，在800多年前就被写成了文字。然而，它所描述的情景至今仍然随处可见——巨大的痛苦无法被察觉，人们若无其事地继续生活。"你怎么了？"这样的问题，或者它的现代表述"什么在困扰你？"，邀请人们去表达他们的担忧和痛苦。这样的问题不被提及，其原因多种多样，就像帕西法尔一样，我们有时发现自己陷入了"一切都很好"的假象和伪装中，即使我们知道事实并非如此。而这常常发生在那些与我们这个世界的现状息息相关的场景中，我们本能的生存反应也因此被阻抗了。本章探讨是什么阻碍了我们直面令人沮丧的现实，并着眼于如何通过"尊重我们为世界感受到的痛苦"来打破**一切照旧**的魔咒。

了解阻抗反应

我们应对危险的一个关键生存机制是激活警报。一位消防队长曾经说，当一座建筑物燃烧时，最危险的人不是那些惊慌失措、想要尽快逃生的人，而是那些对紧急程度没有足够理解，还在清点自己的财物且不知如何取舍的人。鉴于此，心理学家比布·拉坦和约翰·达利进行了一项研究，考察了影响我们对潜在的危险做出反应的因素。

在这项研究中，志愿者被要求在一个房间里等待并填写一份问卷。在这个过程中，一股稳定的雾状蒸气开始从墙上的通风口涌入，慢慢充满整个房间。如果是人们单独待在房间里，他们可能会迅速做出反应，马上离开房间并寻求帮助。但是，当三个人同时在房间里时，他们会看其他人的反应。如果看到其他人依然保持镇静，继续填写问卷，他们可能也会这样做。即使房间内变得烟雾缭绕而很难视物，有些人开始咳嗽或揉眼睛，也还有 2/3 的人在坚持填问卷。如果这三人组中有两个人是收到指令让其无视烟雾的演员，那么这种安静顺从的倾向就更加明显。在这样的情况下，有 90% 的受试者在被研究人员"救出"之前，还在坚持填写表格超过整整 6 分钟。

这个试验是一种我们当前对全球性危机所做出的反应的隐喻。如果烟雾代表了令人不安的信息，那么填写调查问卷就像**一切照旧**的模式。如果我们要作为一个物种生存下来，就需要了解我们对危险的积极应对是如何被阻抗的，以及我们如何能够防止这种情况发生。是什么阻碍了我们注意到烟雾？我们通常会在要做某件事的冲动和对它的阻抗之间感受到一种内在的张力。阻抗有很多种，下面是常见的七种。

1. 我不相信有那么危险

当研究人员采访那些没有对烟雾做出及时反应的人时，受试者给出的一个常见的原因是，他们不相信发生了火灾。他们对烟雾产生的原因做出了另一类解释，导致他们没有将其视为一种警示。尤其在受试者看到其他人忽视烟雾时更是如此，这表明，观察他人的行为对我们的影响有多强大。在全球性事件中我们也注意到了同样的情况：如果我们了解到一些与某个问题相关的令人不安的信息，但大多数人都表现得无所谓，我们就更容易相信问题没有那么严重。

资本控制的媒体放大了这种效应。例如，你看过几次电视肥皂剧、情景喜剧或戏剧中的人物对我们的世界现状表达担忧？主流电视台和报纸都是由极少数公司拥有的，它们的主要收入来源于广告。它们的商业目标是为广告商推广受众。因此，在新闻报道中，有关世界分崩离析的重要信息会被淡化或完全忽略。例如，当世界气象组织在 2009 年 12 月宣布 2000~2009 年有望成为有记录以来最热的 10 年时，福克斯新闻的总编辑发出指导性邮件，告诉新闻团队及制作人："尽可能避免谈及地球在某个特定时期会变暖（或变冷）的说法，除非你同时指出这些观点只是基于一些已被提出质疑的数据。作为新闻工作者，我们不应该把这些观点当作事实来宣扬。"

2. 解决这个问题不是我的责任

一切照旧的个人主义在我们的问题和其他人的问题之间划出了一条界线，甚至在人类和其他物种的问题之间划出了更清晰的界线。一位叫马丁的邻居在讨论气候变化时说："北极熊的遭遇真的不是我的责任。"这种责任的分散是工业化社会的主导模式，它削弱了我们对世界的关爱。在这种观点下，世界被划分为不同的部分，我们只对我们拥有的、处于我们控制下的或居住的部分负责。我们可以很好地照顾我们的后院，但这个街区以外发生的都是别人的问题。

3. 我不想成为出头的人

当乔安娜第一次听到肯尼迪总统遇刺的噩耗时，她正站在一家超市的收银台前。虽然收音机的广播发出的信息很清楚,但人们仍然若无其事地继续购物。她至今仍无法理解,为什么当时自己也像周围的人一样,一言不发地排队付款。

这种无形的顺从压力既微妙又强大,甚至会让我们怀疑自己的看法:如果没有人认识到这个问题,那也许是我们错了。另外,如果指出问题并将之公之于众,我们就扰乱了现状,因为一旦认识到问题,要忽视它就更困难了。举报人常常因为制造麻烦而被指责,因为他让人们不得不处理以前被忽视的问题。如果说出来是危险的,恐惧的气氛就会导致一种同谋的文化。托尼是我们的一位学员,他描述了他在一家大公司工作的经历:"在我的工作中,把良心放在门外是很常见的做法。质疑公司的政策会被视为不忠,它可能会威胁到你的职业生涯。"尤其是在工作不稳定时,人们不敢表达令人不安的信息和警示,因为他们害怕被贴上"麻烦制造者"的标签。

4. 这些信息威胁到我的商业或政治利益

在整个 20 世纪 90 年代,泰国的首席气象学家史密斯·萨马萨罗先生曾多次警告该国西南海岸可能遭受海啸袭击。几十年来,他一直在研究水下地震与这些巨大潮汐波之间的关系。他非常担心，因此建议沿海地区普吉岛、攀牙、甲米的海滨酒店安装海啸警报。他的警告被视为对旅游业有害，他的工作受到排挤，他的建议也被忽视了。2004 年 12 月 26 日，苏门答腊岛附近的一场水下地震导致了一场巨大的海啸，袭击了他所警告的地区。这是有史以来最严重的灾难之一，在泰国有 5,000 多人丧生，在其他 13 个国家，死亡人数总共超过 225,000。

在海啸袭击之前，萨马萨罗被指控危言耸听，甚至被禁止进入他一直试图保护的一些地区。我们抵制不愿听到的信息的一种方式方法是攻击它的源头。烟草业几十年来一直通过投入雄厚资金的市场活动来诋毁证明吸烟导致死亡的科学界和科学家。尽管内部备忘录显示烟草行业知道科学是正确的，可它仍然试图证明那些与其商业利益相冲突的研究结果无效。公关公司获得了数百万美元的报酬，提出对烟草与健康问题之间的关联性的质疑。如今，同样的事也发生在气候变化领域：自 2015 年《巴黎协定》签署后的三年里 ①，石油和天然气公司花费了超过 10 亿美元进行游说和提供虚假信息，以阻止气候行动。

---

① 《巴黎协定》于 2015 年 12 月在巴黎气候变化大会上达成，正式签署是在 2016 年 4 月 22 日。——编者注

5. 这太令人沮丧了，我宁愿不去想它

虽然人类历史上也曾经历灾难，但如今不同的是，既定的趋势将我们引向灾难之路。随着世界持续变暖，潜在的结果非常可怕。那么，为什么**一切照旧**仍是主流的反应呢？其中一个原因是，环境危机可能带来的痛苦让我们无法直视。以下是我们采访的人们的一些观点。伊莎贝尔是两个孩子的母亲，她说："我曾热衷于政治活动，但这些天我几乎不听新闻了，因为太令人沮丧了。"约翰是一位祖父："我知道世界一团糟，但我不想总被提醒。我宁愿不去想它。"

6. 我感到束手无策。我知道危险，但我不知道该怎么办

如果面临的问题让我们痛苦到不愿触及，那我们又如何着手解决呢？是的，意识到问题又无法应对，会更令人痛苦。活动家詹妮弗这样描述自己的经历：

> 多年前，我曾感到乐观，我感到人们正在觉醒，有越来越多的人下定决心要做些事情。但情况并没有发生什么变化，我们面临的问题好像更糟。我感觉自己不能只是袖手旁观，必须做些什么，但是要做的事情太多了，我不知道从哪里开始。这让人不知所措，我感到束手无策。

7. 做什么都没有意义，因为不会有什么用

如果为时已晚怎么办？如果已经造成的巨大破坏，足以让工业化社会像泰坦尼克号一样沉没，我们正在走向消亡怎么办？如果从这个角度看待问题，我们很难在生活中找到真正的意义和目标。一方面，我们认为**一切照旧**是个谎言，但另一方面，我们对试图带来积极变化的努力冷嘲热讽，视其为虚假的乐观主义。剩下的只有衰亡的故事，一种在最终的**大崩溃**到来之前及时行乐、得过且过的生活方式。

尽管听起来似乎前景一片黯淡，但一项在 2021 年对一万多名年轻人进行的国际调查显示，这种情绪普遍存在。超过半数（56%）的人认为人类注定要毁灭，40% 的人因此对是否要孩子犹豫不决。

带着对世界的绝望而工作

前四种阻抗源自**一切照旧**的故事——没有认识到危机；剩下三种与**大崩溃**故事中让我们感到害怕的意识相关——事情比我们想到的要糟糕太多。

我们可能同时生活在这两种现实中，在**一切照旧**的模式里过着正常的生活，同时也痛苦地意识到在各个层面不断涌现的危机。生活在这样的双重现实中让我们意识分裂。我们大脑的一部分默认我们平安无事，而另一部分又清楚地知道并非如此。无视危机是处理这种分裂所带来的困惑和痛苦的一种方式，就像试验里那些在房间里忙于完成问卷而不去理会烟雾的人。但这种生活方式很难持续，特别是在世界的境况不断恶化的情况下。

有时可能连提及这个话题都很艰难。我们在正常的谈话中有许多禁忌，不愿去触碰那些令人沮丧的话题。当我们对未来充满恐惧，或对地球上发生的事感到愤怒，或为我们已失去的感到悲伤时，我们很可能无法承受这些感受，因此，我们把它们埋在心里并孤独地承受痛苦。如果人们看到我们保持沉默，不去提及危机，就像在烟雾弥漫的房间里，他们也可能会保持沉默。而反过来，如果我们揭示自己的痛苦，说出我们的恐惧，我们可能会被认为太消极或太情绪化。

我们可能会陷入两种恐惧之间：一种是担心我们的社会继续现在的生活方式，后果不堪设想；另一种是害怕承认事情如此糟糕，这让人绝望。如果我们听到第一种恐惧，会激发有助于我们生存的反应，但是要从这样的警示中获益，我们需要从第二种恐惧的窒息效应中解放出来。有许多方法能帮助我们做到这一点。

40 多年前，乔安娜就开发出一套方法帮助人们创造性地应对世界危机，而不是被危难压倒或变得麻木。就像哀伤疗法，直面我们的痛苦并不会让它消失，然而当我们面对它时，我们能够将痛苦放在一个更大的范围内，赋予它不同的意义。面对世界的痛，与其害怕，不如从痛苦中汲取力量。

当乔安娜在 20 世纪 70 年代首次提出这种方法时，它主要以结构化的工作坊形式在团体中开展，被称为"绝望与赋能工作"。因为工作坊深化了我们与生命之网的关系，所以它也被称为"深度生态工作坊"。在 20 世纪 90 年代末，这种方法被称为"重建连接"。这些原则和实践不仅可应用于工作坊，还可以应用于教育、心理治疗、社区组织、一对一谈话、个人发展和精神实践。这种方法的核心在于以不同的方式思考"我们为世界感受到的痛苦"。

为世界感到痛苦是正常的、健康的、普遍的

许多年前，一位治疗师告诉乔安娜，她对被摧毁的森林的强烈反应源于她对推土机所代表的性欲的恐惧。将我们为地球感到的痛苦投射到某种心理问题或神经症的倾向是很常见的。我们对

人类对世界的所作所为产生的痛苦和担忧，常被视为需要治疗的病症或潜在的个体问题的表征。自助团体也未能幸免：一个正在康复的酗酒者，在他的支持小组里提及他对世界的恐惧时，他的同伴提出了这样的问题来挑战他："你在自己的生活中在逃避什么，让你有这样的担心？"

乔安娜在她就读博士的研究中探索了佛教哲学和系统理论之间的融合，发现我们赋予情绪反应的意义至关重要。在佛教和系统论中均有根本性的内在连接的观点，支持我们对为世界感到的痛苦进行重新定义。它帮我们认识到，这种痛苦的反应是多么健康，以及它对我们的生存是多么必要。"重建连接"工作的一个核心原则是"为世界而痛苦"，这涵盖了一系列的感受，包括愤怒、惊慌、悲伤、内疚、恐惧、绝望，它们都是面对伤痕累累的世界时正常、健康的反应。

在佛教和其他世界精神传统中，"开放的警觉"被视为一种力量，它让我们的心被他人的痛苦所触动。事实上，在每一种精神传统中，慈悲都被视为一种重要且高尚的能力，它的字面意思是"一起忍受痛苦"。这种能力是我们与所有生命相互关联的证据。

这种与世界共患难的能力对我们的生存至关重要，系统理论中"负反馈回路"的概念可以帮我们了解这一点。我们通过关注信息或反馈来为生命导航，它告诉我们什么时候偏离航向，并让我们做出修正反应。这个动态过程不断循环：偏离航向→察觉→做出回到航向的反应→再次偏离航向→再次察觉→再次做出回到航向的反应（见图9）。由于这个过程的作用是减少偏离航向的程度，所以被称为"负反馈回路"，它有时也被称为"平衡反馈回路"。

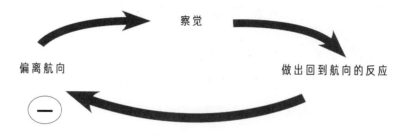

图9 负反馈回路：每个反应都减少了与所选航向的偏差

正是通过这样的循环，生命系统才能保持自身的平衡。比如，如果我们觉得太冷，可能采取的反应是穿上夹克；如果过一段时间我们又觉得太热了，就脱下夹克。如果房间里的一群人开始觉得太热了，有人就可能打开窗户。在这样的情况下，这群人的系统会通过成员的行动来维持室温的舒适。

作为一个社会，我们是如何注意到我们偏离了轨道呢？我们会开始感到不舒服。如果我们正朝着危险的方向前进，我们可能

会感到惊慌；如果发生了让我们无法接受的事情，我们可能会感到愤怒。如果我们所爱的世界的某个部分正在消失，我们可能会感到悲伤。这些感受都是正常、健康的反应。它们帮我们注意到发生了什么，也激发我们做出反应。

解锁反馈，释放能量

在工作坊里，我们看到人们分享自己对世界境况感到的痛苦和绝望，然后被这些经历赋能和滋养。面对痛苦和表达痛苦的情绪可以让人们鲜活起来，常常释放出强烈的团队精神，甚至欢乐。

主流文化中有一股强大的潮流，认为令人沮丧的新闻、悲观的想法、痛苦的感受是"负面体验"，我们需要保护自己免受其害；我们应该避免任何"过于消极"的东西，将回避作为一种默认的策略。然而，我们越是回避那些艰难的困境，我们就越不相信自己有能力处理它。回避很容易成为一种习惯。当回避情绪和痛苦变成一种文化习性时，我们将对自己应对能力的信心不足，会给公开承认令人不安的信息造成障碍。这反过来会导致我们对现实进行选择性筛选，将那些难以忍受的痛苦和不想触及的烦恼排除在外。

21 世纪初地球令人不安的现状，以及在未来数十年我们可能面临的困境，远远超过历史上任何一次灾难。毫不奇怪，被这样的现实所激发的感受确实令人难以承受。"如果我为这些感受敞开大门，"一位朋友在最近的谈话中说，"我会陷入万劫不复的境地。"许多人看到自己的悲伤或绝望时感到紧张，是害怕为之所困。这里的关键是我们处理痛苦的能力。

　　情绪上的痛苦是有激励作用的，但如果它超出了我们想象的处理范围，我们可能会关闭它。表面上，我们似乎已经控制住它，但当我们封闭情绪时，我们也不再有活力，我们的能量下降，敏感度也在减弱。我们可能只是在无意识地生活。酒精、兴奋剂、购物和抗抑郁药物是我们用来掩盖痛苦的方式。短期内，这些解药似乎是有效的，但随着我们对它们产生依赖，社会将继续偏离正轨，世界会变成一片荒原。

　　"重建连接"工作提供了一种不同的前进道路。无论是通过工作坊的形式还是合作对话的形式，它都提供了一个安全、具支持性的交流空间，在那里人们可以表达、倾听和重视痛苦，从而疏通关键的反馈回路。正如一位参与者所说："我想直面世界现实的真相。如果真相是痛苦的，那么我需要面对痛苦。"

　　我们一贯的经验是，当人们对自己的情感体验（包括绝望、悲伤、内疚、愤怒或者恐惧）敞开心扉时，他们的沉重感就减轻了。在通往痛苦的旅程中，一些基本的东西发生了变化，转折发生了。

当我们触碰到内心深处时，会发现这并不是个无底洞；当人们面对世界的现状，能够表达自己的所知、所见、所感时，转变就会发生，人们对行动的决心增强，对生活的热情重新被唤起。

一系列因素的共同作用导致了这种转变。首先，如前所述，压抑情绪和信息会抑制我们的能量。顺应而不是对抗我们对世界现状的深刻反应，是一件令人振奋的事。其次，当意识到我们与他人团结在一起时，我们会感到极大的欣慰。此外，另外两个因素也起着至关重要的作用，一个涉及我们整合痛苦信息的过程，一个涉及我们为世界感受到的痛苦所揭示的自我本质。

信息不充分

关于环境和社会变革领域的组织常常会陷入这样的陷阱：他们认为人们只要了解事情有多糟糕，就会积极地处理这些问题。因此，他们聚焦于提供信息和论据，并用令人震惊的事实、图表和影像来支持这些信息和论据。这种意识的提高是很重要的，但是当人们已经感到不堪重负，面对更多的痛苦不知所措时，会怎样呢？或者如果他们认为需要保护自己不受这些消极思维的影响呢？在这样的情况下，提出更多令人震惊的事实只会增加阻抗力。

伊丽莎白·库布勒·罗斯是一位以治疗危及生命的疾病而闻名的精神科医生。她描述了人们接受坏消息的过程涉及多个阶段。一开始，人们并不觉得坏消息是真实的。有些人可能会意识到发生了一些事情，但表现得好像还没有接受这个事实。这些信息可能只是停留在表面，还未被消化。

心理学教授威廉·沃登在他关于悲伤咨询的经典著作中提到，悲伤疗愈的最初任务首先是要接受失去，然后是感受悲伤的痛苦。当我们去感受这种情绪时，我们不仅要知道失去是真实的，也要知道它对我们很重要，这是消化阶段。在这个阶段，我们的意识下沉到内心深处，以此让我们接受它的意义。只有这样，我们才能找到一条基于准确认知现实的前进道路。

要真正认识到地球正处在生死存亡的时刻，还有一段路要走。如果我们还没有完全接受并消化关于我们所居住的地球发生危机的坏消息，我们可能就没有理由走出**一切照旧**的故事。但如果令人不安的判断真的深入到我们的内心，那么我们就不可能再回到老路，假装一切都好了。

随着物种的灭绝和生态系统的破坏，我们每天都在失去生物圈中宝贵的一部分，但是它们的葬礼在哪里？如果我们的世界正在一片一片地死去，而我们没有公开地、集体地表达我们的悲痛，我们可能会轻易地认为这些损失并不重要。尊重我们为世界感受到的痛苦是一种重视我们意识的方式：首先，我们已经注意到了；其次，我们对此是关切的。仅在理性上的认知是不够的，我们需要去消化坏消息，这才是促使我们做出回应的原因。

那么，什么可以帮助我们消化已经意识到但尚未深入了解的信息呢？一种方式是从听自己说出我们所知道的事实开始。通过表达我们的担忧，把它们公开化。

试一试：关于担忧的开放句

两人一组坐下，一方是倾听者，另一方是表达者。倾听者的角色是什么也不说，专心地倾听。对于每个开放句，表达者分享两分钟左右，从句子的前半部分开始，让语言自然地流淌出来。如果过程中不知该说什么了，可以回到句子的开头，重新开始。在说完每个开放句后，互换角色，这样彼此都能听到对方的表达。或者一方完成三个句子后再交换角色。

· 当我看到自然界正在发生的事，让我心碎的是……

· 当我看到人类社会正在发生的事，让我心碎的是……

· 对于这些感受，我所做的是……

某些潜规则支配着我们正常对话的内容和情感的范围。如果我们偏离共识领域太远，比如，提出一个令人极度不安的问题，或者表达一种过于强烈的情绪，对方的反应很可能会让我们停止表达。我们可能会发现自己陷入了一场争论，或者提出的问题被忽略，别人将谈话转向更舒适的领域。为了应对挑战，我们需要找到谈论它们的方式，不要陷入该责备谁的争论，也不要形成一种回避机制来过滤掉我们深层次的担忧。通过给每个表达者提供不被打扰的空间，开放句的分享过程为不同类型的对话创造了空间。

这个简单的练习通常会带来强烈的感受。然而，这个过程的目的并不是让人们感受到什么，而是让人们释放已经存在的感受。它是在创造空间去倾听彼此，并允许表层以下的情感被表达出来。当我们允许情绪在我们的身体里流动时，我们就不太可能卡在那里了。

当我们为世界而痛苦时，世界就在通过我们而感受。这是这项工作的核心观点：如果感受从世界流入我们，它们也可以再次流出，而不必困在我们体内。一个叫作"透过呼吸"的练习，改编自一个用于练习慈悲心的古老的佛教冥想，它强化了对这个核心理念的理解。

试一试：透过呼吸

闭上眼睛，专注于你的呼吸。不要尝试用任何特殊的方式呼吸，不管是缓慢的还是悠长的，只要观察你呼吸的过程，吸入、呼出，即可。

注意气息在鼻孔、胸部或腹部时伴随而来的感觉。保持被动和警觉，就像猫守在老鼠洞口一样……

当你观察呼吸时，注意它是自然发生的，你的意志并没有存在于其中，每次吸气或呼气的时间也不由你来决定。就好像你在被呼吸——被生命所呼吸。就像现在这个房间里的每个人，这个城市里的每个人，这个地球上的每个人，都在被生命所呼吸，在一个巨大的、充满活力的呼吸网中生生不息……

现在将你的呼吸想象成一股气流或一条空气丝带。看着它从你的鼻孔流入，从你的气管往下流动，进入你的肺。现在让它流过你的心，想象它流经你的心，然后通过一个出口重新连接到更大的生命之网。当呼吸通过你的身体和你的心时，让呼吸在那广阔的生命巨网中循环，把你和它连接起来……

现在打开你的意识去面对世界的苦难。现在放下所有的防御，敞开心扉去认识痛苦。让它尽可能地具象化，想象你的同胞在痛苦和需要中，在恐惧和孤独中，在监狱、医院、公寓、难民营里……无须为这些画面而紧张，它们因为我们的相互依存而呈现在你的面前。放松，让它们浮现出来，那些人类同胞和我们的动物兄弟姐妹，当它们在这个星球的大海里遨游，在天空中飞翔时遇到的无穷无尽的苦难……让它们都浮现出来。

现在，呼吸痛苦，让它就像气流中无形的泪水一样，穿过鼻孔，从气管、肺和心往下流，然后再次流入这个世界。你现在什么都不要做，只是让它流过你的心，确保那气流一次又一次地流过，不要执着于痛苦……臣服于它，将它交给生命浩瀚的网络的疗愈能力。

"让所有的悲伤在我身上开花结果吧"，佛教圣徒寂天说。让它们穿过我们的心，以此帮助它们成熟，以悲伤作养分，滋养善意。我们可以从中学习，增强我们更大的集体意识……

如果没有图像或感受出现，只有空白、灰色和麻木，也让它们通过。麻木本身就是我们的世界非常真实的一部分。

> 如果你浮现出来的不是别人的痛苦，而是你自己生命的缺失或伤害，也将它们呼吸出来。你的苦难也是我们这个世界悲伤的组成部分……
>
> 如果你害怕这种痛苦会让你的心破碎，记住，敞开破碎的心，它可以容纳整个宇宙。你的心是如此之大。相信它，继续呼吸。

不同的自我观

越南禅宗大师一行禅师曾被问到我们需要做什么来拯救世界。他回答说："我们最需要做的，是在我们的内心听到地球的哭泣。"如果我们仅仅将自己视为独立的个体，那么地球在我们内心哭泣或通过我们哭泣的想法就没有了意义。可是，如果我们认为自己深深嵌入更大的生命网络中，就像盖亚理论、佛教和许多其他精神传统特别是原住民所推崇的那样，那么通过我们感受世界的想法也是自然而然的了。

这种自我观与**一切照旧**模式中的自我观截然不同。**一切照旧**中的极端个人主义把每个人视为独立的自我利益体，其动机和情感只在自己的故事范围内才有意义。"为世界而痛苦"则讲述了不同的故事，一个关于我们彼此连接的故事。当其他人受苦时，我们会感觉到痛苦，因为在更深层，我们与他们并未分离。将我们与这世界上的其他生命体分隔的孤立感是一种幻觉，而痛苦打破壁垒，告诉我们自己是谁。

我们在"重建连接"工作坊中看到的不仅仅是人们学会不再惧怕这个世界的痛苦，也不只是建立一个社团来解锁系统反馈。我们见证了人们与世界关系的深刻转变，它为我们带来了深刻而滋养的被抱持感。

丹尼尔是一位医生，他说："以前我从未感觉到我属于任何地方。现在我知道我属于这个世界，从骨子里感受到我是这个世界的一部分。"安妮是一位学校老师，她补充道："在参加这个工作坊之后，我有一种不同寻常的奇妙感，我确实在这个世界上有一席之地。"

我们对世界产生的痛苦源自我们与所有生命的相互依存。当我们听到地球的哭声在我们心中响起时，我们不仅打开了反馈回路，更打通了我们与世界连接的感受通道。这些通道就像一个根系，为我们打开了力量和韧性的源泉，就像生命本身一样古老而持久。

在这个过程中，我们与世界分离的观点消失了。挪威生态哲学家阿伦·奈斯创造了"深层生态学"一词，抓住了这一转变的实质。当我们认识到自己作为生态自我的深层身份，这个身份不仅包括我们自己，还包括地球上的所有生命体时，那么为了我们的世界而行动并不是一种牺牲，而是一种自然而然且自我实现的行为。

"尊重我们为世界感受到的痛苦"个人练习

开放句与帕西法尔问题

探索你对世界现状的情绪反应，一个出发点就是问问自己感受如何。你可能还记得帕西法尔，他心怀慈悲地问国王"你怎么了？"，从而打破了魔咒。在当前的背景下，问问你自己"这个世界发生了什么让我感到烦恼？"，然后腾出空间倾听自己的答案。将你的答案写下来可能会带来更多的回应。每当你不确定该说什么或该写什么时，你可以以开放句来开始，然后让语言自然地流淌出来。前面"关于担忧的开放句"为自我反思或个人日志提供了有用的参考。我们在工作坊中常用到的其他一些开放句如下：

- 当我想象我们将留给后代的世界时，这世界看起来像……

- 我对未来最大的恐惧是……

- 我对此的感受是……

- 我逃避这种感受的方式包括……

- 我可以利用这些感受的一些方法是……

每个开放句都是一块踏板，让我们得以进入通常被避免谈论的领域。当我们把恐惧暴露出来时，它们就失去了困扰我们的力量。参加我们工作坊的一位年轻女性杰德描述了这对她的影响：

> 以前我对全球和生态崩溃的前景感到恐惧，这太可怕了，我无法面对。世界问题太多了，所以我努力把它们拒之门外。
>
> 在那次工作坊中，情况发生了变化。我面对自己的恐惧，记得当时我在想："这是我的恐惧，它真的很糟糕。"以前，我真的很害怕，但后来我的噩梦停止了。我觉得自己更能接受，能够以更好的角度看待事情，而且我想我们只要尽力而为即可，所以，我可以和它共处了。

工作坊结束后，杰德辞去了工作，开始为一家环保组织工作。面对可怕的现实，她下定决心寻找并发挥自己的作用，以回应自己对世界的担忧。

透过呼吸

前面描述的"透过呼吸"冥想有助于让感受浮出水面。如果你害怕被感情吞没，它也可以成为一个值得信赖的盟友。将注意力带回呼吸有一种稳定的功能，记住那个画面，让感受通过呼吸进入你，流过你的心，然后被重新释放到生命之网的疗愈中。

创造性地表达我们为世界感受到的痛苦

如果我们不习惯表达自己的情感，有时也很难知道自己的感受。一种能够让情感流动并更容易识别它们的方法是赋予它们某种形式，比如在纸上画出某种形状或颜色，或者发出声音，或者用黏土创作。超越文字或潜入文字之下，将我们带到可以感知威胁的潜意识中，这样我们就可以触碰到并释放出我们对世界状况的更深层的反应。

试一试：画出你的担心

拿一张空白的纸和一些彩色笔，勾勒、涂鸦，或者用任何图像来表达你的担心和随之而来的感受。

当图像浮现时，我们进入对地球时空的直觉反应领域。我们可能会惊讶于我们所绘制的，那些象征担忧的图画可能揭示出我们此前从未表达过的，甚至未曾意识到的担心。图像一旦生成，就有了自己的现实，我们不需要解释、辩护或道歉。它们本就如此，如其所示，呈现出比单一文字更丰富的内容。

使用仪式

许多文化通过仪式或象征性的表现形式来纪念重要的情感，如亲人去世后的悲伤或感恩节时的感激之情。我们可以通过设计自己的仪式来纪念我们为世界感受到的痛苦。

试一试：一座私人的哀悼石冢

世界失去了什么让你感到悲哀？当你用心思考这个问题时，出去散散步，寻找一样物件——象征着世界正在失去的珍贵物品。找个特别的地点安放这个物件，以此来纪念你的失去和悲伤。你可以再回到这里来纪念其他的失去，随着时间的推移，你可以建成一个收集角落或石冢，象征所有的失去。

这座哀悼的石冢是一个标志，表明你已经注意到了，并心怀关切。

如果每当生态系统遭受破坏时，有物种灭绝时，有孩子被战争或饥饿杀害时，我们都能感受到失去的痛苦，我们就无法再继续这样的生活，这会撕裂我们的内心。这些失去会继续发生，是因为它们没有被注意，也没有被标记，它们不被重视。通过选择尊重失去的痛苦而不是轻视它，我们就打破了面对分崩离析的世界而麻木不仁的魔咒。

对话的力量

我们经常听到这样的表达："直到听到自己说出的话，我才意识到自己的感受竟如此强烈。"说出我们的担忧，表达我们的感受，不仅能让他人更容易看到，也能让我们自己更清晰。我们越是把问题公开化，就越有可能解决它们。正如畅销书作家玛格丽特·惠特利所观察到的：

> 许多为大规模变革所做的努力，有些已经获得了诺贝尔和平奖，它们都始于一个简单又充满勇气的行为——在朋友之间相互分享他们的恐惧和梦想。在回顾这些努力及它们是如何开始时，我总能发现一句话："我和一些朋友开始交谈……"

当人们向我们透露他们为世界的境况感到痛苦时，我们的回应会极大地影响谈话的发展方向。认识到这种为世界而痛苦的分享是一种至关重要的交流，我们可以通过全然的关注来尊重它的表达。不要试图修复痛苦的感受，而是接受它们的合理性和意义。这样做本身就是**大转折**故事的体现。

工作坊和实践小组

当"重建连接"应用于团体时，它会产生一种特殊的魔力。发现自己并非是唯一为世界感到痛苦的人是令人欣慰的。将其视为正常的现象本身就是一种疗愈。（请关注积极希望公众号信息以获得工作坊的联系方式。）

与其他人一起踏上螺旋之旅的另一种方式是组建一个支持、实践或学习小组。可以从共读本书开始。

以世界之痛呼唤探险

在许多探险故事中，主角们往往意识到他们所面临的危机的本质，并且发现危机比他们想象的要糟糕得多。这不仅关系到他们自己的生命，也关系到他们的社区、他们所珍视的价值，还有那些超越自我的伟大事业。由于工具和资源有限，他们似乎没有太多机会。想要有任何的希望，他们就必须进入新的领域，寻找盟友，寻求支持和资源。

我们会有这样的时刻：世界正处于极度危险中，我们面临的挑战远远超出我们所能应对的范围。我们需要超越已熟悉的事物，需要学习用新的眼光看世界的艺术。

我们用"用新的眼光看世界"来命名"重建连接"螺旋的第三个阶段，并将用两种不同的方式使用它。第一种泛指当找到不同的方式看待事物时，可能带来的变革性转变。你是否曾有过在某一领域受挫或受阻的经历，随后因为一个新的认知和理解，你发现事情并不像看上去的那样？正是通过这样的"顿悟时刻"，我们才能实现突破。在螺旋的下一步，我们邀请人们对陌生的观点保持开放，并提升步入新领域的意愿。这可能涉及注意到我们日常经验之外的感官通道，包括我们的想象和身体。我们也可能更愿意倾听那些观点与我们完全不同的人，以及祖先、未来的生灵和超越人类世界的声音。

第二种方式与我们对现实的理解的转变有关，是从在西方工业化社会中占主导地位的超个人主义的世界观，转向一种整体的、生态的世界观。它借鉴了当代科学和许多地区的本土文化中关于地球智慧的传统。我们旅程的下一站将通过关注四个特定的方面来探索这种转变。我们喜欢把这些看作四个发现：更广阔的自我观、另一种力量、丰富的社区体验和更大的时间观。

第二部分

用新的眼光看世界

第五章

更广阔的自我观

在一个虚构的未来世界里，土著纳威人已经创建了一种彼此密切相连又怡然自得的生活方式，这种生活千金难换。对他们而言，保持美丽且充满活力的世界，远比物质社会所能提供的任何物品都重要。凡是看过电影《阿凡达》的人，都很熟悉这个发生在富饶的潘多拉星球上的故事。影片中描述的事件在我们的星球上也比比皆是：美丽的森林正在被砍伐，为露天矿场让路，而公司的雇佣军们正在镇压当地居民的反抗。

在一场史诗般的探险之旅开始之初，主角们对于所面临的挑战常常显得无能为力。无论是大卫面对歌利亚，还是戴上魔戒的佛罗多，故事中的主人公似乎都无法胜任自己扮演的角色。我们在生活中也有同感，我们可能会问："我是谁，何以去承担世界所面临的问题？"是否能承担，与我们如何看待自己的能力和自我认知密切相关。去发现我们深深潜藏的身份，就会开启一系列全新的可能性。在电影《阿凡达》中，杰克·萨利经历了这样一个过程——从做公司的忠实仆人开始，逐渐成为世界的捍卫者。本章将探讨我们如何经历这样一个类似的转变，在这种转变中，更广泛的自我意识出现，它能够有力地增强我们为世界做贡献的能力。

转化自私

人们常常对人类的自私感到绝望。正如有些人相信的，在关注他人和世界的利益之前，如果我们总是习惯于先关注个人的舒适便利，那前景将相当暗淡。如果我们可以通过自我拓展和深化来转化利己的表达方式，前景又会怎样？阿伦·奈斯发出了这样的邀请：

> 让人遗憾的是，生态运动中泛用的道德说教给公众留下了错误的印象，他们认为自己被要求做出牺牲——表现出更多的责任心、关心和更高的道德标准。但是，如果自我被拓宽和深化，那么所有这些就会自然而然地发生，因为人们认识到对自然的保护就是对自己的保护。

许多人可能还记得一些特别时刻，那一刻我们感到与周围的世界有着非同寻常的连接。我们或被眼前美丽的景色深深吸引，又或者目睹了一个令人叹为观止的情境。"我得到了毋庸置疑的恩典"，哲学家和作家萨姆·基恩描述自己在夜间的森林里看着两只山猫坐在圆木上唱歌的经历时，如此写道。这些珍贵的时刻滋养着我们，有些人会说这是精神上的体验，它们会把人们从对个人细节的关注中拉出来，将他们带入一种更大、更神秘、更神奇的生命体验中。

通过这些相互联系的经历和体验，我们增强了对世界的归属感。这样的存在方式拓宽并加深了我们对自我的认识。

不同的自我观

作家兼电影制片人海伦娜·诺伯格·霍奇第一次访问拉达克山区时，被当地人快乐的状态所打动。尽管物质条件很艰难，山区每年都有好几个月被大雪阻断与外界的联系，但村民们仍过着自给自足的丰富生活。虽然她去过的村庄都没有电，但村民高度发达的合作文化确保了每个人都有足够的食物、衣服和住所。这里几乎没有犯罪，抑郁症很少见，自杀事件更是闻所未闻。那是

在 20 世纪 70 年代中期。

也就是从那时起，情况开始发生变化。城镇里巨大的广告牌挂起了美化物质繁荣的世界的广告，许多年轻人离开村庄去寻找就业机会。虽然现在有些人已经拥有了摩托车和电子产品，但自杀事件也开始发生，甚至出现在学生群体中。以前，在很大程度上，村民们齐心协力，一起完成任务，共享成败。可现代消费文化带来了激烈的竞争和压力，人们被分为胜利者和失败者，所有人都不断想成为赢家，或得到自己想要的新奇产品。

在工业化国家，极端个人主义的发展已经根深蒂固，很容易让人以为个人主义就是我们的自然状态。但如上所述，拉达克山区新出现的个人主义现象提醒我们，把自己放在首位并不是人类固有的本性。相反，它是对自我的理解和体验方式的产物，而这种自我产生于在西方文化中发展起来的超个人主义，历时近五个世纪。

看待自我有很多方式。其中一种方式是把自我看成独立于他人和世界的一个实体。这个独立的个体有时被称为"小我"，它有一个清晰的外部边界。不过，这种描述并不能涵盖所有人。正如卡尔·荣格曾经写道："一个不寻常的事实是，完全以小我为中心的生活，对本人和所有相关联的人而言，都是枯燥乏味的。"

下面的练习提供一个机会，让我们去探索除了小我之外，我们还是谁。

试一试：告诉我，你是谁？

这个过程可单独完成，也可以与伙伴一起完成。

自己完成：想象你遇到一个陌生人，他很想了解你，他问道："请告诉我，你是谁？"把你的回答写在笔记本上。每当你写完一个答案，想象你再次被问到这个问题，然后重复这个过程，一遍又一遍。看看你是否每次都能以不同的方式回答，写下你觉得正确的任何答案。重复这个过程，目标是写出至少 10 个不同的回答。如果你有很多答案，看看是否能写满一页纸。

伙伴练习：轮流练习，每人每次用 2~3 分钟。一个人问："请告诉我，你是谁？"另一个人回答，一遍又一遍地重复这个过程，允许任何词语出现。请放心，每次的答案都会不同。

在练习的过程中，人们常常会惊讶地发现，竟然有这么多种看待自己的方式。即使我们把自己当作一个独特的个体来描述，

我们依然会认同一个相互联系的自我的身份，它从人际关系、生活背景和社区之中发展而来。随着在不同方面或多或少的成长，我们的自我意识也会随时间而变化。以下是一位工作坊的参与者对这一过程的描述。

参与者汤姆有着这样的经历。

在汤姆 20 多岁的时候，他一直把快乐地生活看作自己的主要目标。他对世界问题不太感兴趣，觉得生活中的事情已经够多了。在 30 岁出头时，他结婚了，不久他的妻子怀孕了。在看到胎儿的超声波扫描图像的那一刻，他对"自己是谁"的看法完全改变了。证据就在他面前，显示他已经成为一个父亲。

汤姆有生以来第一次意识到，他死后发生的事情对他来说也很重要。他开始在超越自己生命的时间框架内思考。他不再把自己视为单独的个体，他体验到自己是某个更大事物的一部分——一个家庭的一部分。

汤姆发现了一种更广泛、更深刻的自我意识。他仍然是一个独立个体，然而，他的个人身份已经根植于更广大的范围——对于他的这种情况，指家庭的共同身份。

扩展的自我圈

在为人父后，汤姆与自己和妻子的家人们的关系越来越亲近了，特别是和那些帮助他们照顾孩子的亲人。在 20 多岁时，他就失去了作为大家庭中的一员的感觉。虽然他觉得自己独立自主，可以随心所欲地满足自己的愿望，但有时他会感到非常孤独，缺乏一种有意义的使命感。与家人再次连接使他重获归属感，他对获得的帮助心存感激，并体验到了一种亲密友好的感觉，这使他也想帮助其他家庭成员。

当家庭成员互相帮助，或父母为孩子的利益做出牺牲时，我们并不认为这是利他主义的表现，而将其视为完全正常，甚至理所应当。同样，当我们感觉自己属于一个团队或一个朋友圈时，我们就会很自然地、毫不犹豫地给予支持，也不会询问会从中获得什么好处。阿伦·奈斯对这种合作趋势的评论是：

> 早年，社会自我得到了充分的发展，所以我们不喜欢一人独吞大蛋糕，我们更喜欢与家人和朋友们一起分享。我们与他们一体，从他们的快乐中看到我们的快乐，也从他们的失望中看到我们的失望。

当我们认同比自己更大的存在时，无论是家人、朋友圈、团队还是社区，它们都会成为我们自我的一部分。对我们而言，我们不仅仅是独立的个体，当认识到我们是许多更大圈子的一部分时，连接的自我就产生了。

每一天，我们在不同的身份认同之间切换。照顾亲人时，我们属于家庭自我；工作时，我们属于团队自我；和朋友散步回家时，我们属于社会自我；爱国时刻，体现了我们的民族身份。看到从太空拍摄的地球照片时，我们所感到的归属感，是连接的自我在星球维度的体现。当我们体验到这一圈圈更大的自我身份时，也就感受到了根的力量。（见图10）

我们如何定义自我利益，取决于最认同哪个维度。心理学家玛丽琳·布鲁尔写道："当自我定义改变时，自我利益和自我服务动机的含义也随之改变。"

因此，人们常常把自私和利他主义区分开来，这是一种误导。这是基于自我和他人之间的分裂，让我们在帮助自己（自私）和帮助他人（利他主义）之间做选择。认识到连接的自我，我们就知道这种选择毫无意义。正是在连接的自我中，人们最珍视的东西才得以体现，包括爱、友谊、忠诚、信任、关系、归属、目的、感恩、灵性、互助和意义。

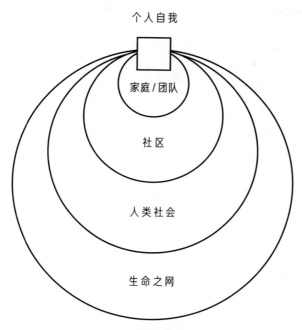

图 10　我们是扩展的圈子的一部分

哲学家伊曼努尔·康德对"道德行为"和"美好行为"做出了区分。道德行为往往出于责任感或义务，但人们在做道德上正确的事时，会自然而然地被吸引而做出很多美好行为，这更多是出于渴望而不是责任。当自我连接感发展良好时，我们更容易被美好行为所吸引；当失去与外界的联系时，我们就会错过这种美好，并遭遇惨痛的后果。

　　当人们失去对大圈子的归属感时，他们不仅失去了为社区和环境采取行动的动力，也丧失了宝贵的支持和复原力的来源。50多年来，随着大家庭和社区网络被侵蚀，工业化国家的抑郁症发病率一直在稳步上升。如今，抑郁症已经成为流行病，每两个人中就有一个人可能在生活的某个阶段严重抑郁。

　　我们在这里看到的是，个人、社区和地球的福祉与我们看待自我的方式息息相关。极端个人主义在这三个层面上都有破坏性。为促进世界的复苏和社区的康复，同时让人们能够过上丰富又满足的生活，我们需要活出一个关于"我们是谁"和"我们是什么"的更大故事。

相互关联不是消融

　　体验连接的自我并不意味着失去个性。恰恰相反，在一个社区中发现并扮演自己独特的角色时，我们会更强烈地感受到自己是其中的一分子。这是一个重要的意识转变，它不再认为秩序和凝聚力取决于每一个个体的思维和行动方式完全相同，那只会导致一群乌合之众的产生，个体的唯一性在其中被淹没，自主性也被放弃。

一个复杂的系统要能够自我组织和正常运转，它的各部分既要整合，也要保持差异化。就像我们的身体，一般的复杂有机体需要许多不同类型的细胞，而有韧性的生态系统则需要高度的生物多样性。单作物农业是同一种植物以相同的方式生长，看起来可能井然有序，但它依赖于化学物质，也容易受到条件变化的影响。这与人类是相似的。我们不必像《星际迷航》中的博格人一样，只有被剥夺了个体的自由意志和个性，才体验到自己是一个更大的整体的一部分。倾听自己的良知并活出自己的真相，这种勇气是加入更大的生命圈的必要条件，而并不是让我们消融于其中。

　　当你坠入爱河时，你会感到与所爱的人紧密相连。同时，自己也会变得更加独特，不同于世界上任何其他的人。与健康的社区建立连接和恋爱有着相似的品质，那就是让我们独特的天分显露无遗。

恢复连接和重述故事

　　与其把自己看作是固定不变、无法改变的，不如把自己看成一股正在发生变化的流。静止的自我就像挂在墙上的一幅画，以特定的方式设定并抗拒改变。每当我们有诸如"我不是那种人……"的想法时，我们就在把自己描绘成一幅静止的画。而另一种观点是把每一刻都想象成电影胶片，尚未发生的事并不意味着以后不会发生。这个视角带来了更大的可能性。

我们已经在参与很多流的形成，从个人生活到家庭、社区和世界生活，每一个流都是一个故事，流经自己在其中扮演的角色。对于我们个人的自我而言，故事情节围绕着个人的冒险和得失展开。对于我们的家庭自我而言，故事可以向前回溯到祖先，向后延伸到未来的后代。如果我们认同特定的文化或宗教团体，我们也是那个故事的一部分。

阿伦·奈斯引入了**生态自我**一词来描述更广泛的个人认同感，也就是个体把自然界包含于自我利益之中。这样，我们就把自己带入了一个更大的"我们是谁"和"我们是什么"的故事中。一旦认识到自己是地球生命体的一部分，就会有更强大的力量源泉为我们打开。如果把自己看作于35亿年前开始诞生在这个星球上的神奇生命之流的一部分，"与你的年龄相符"这个表达就有了不同的含义。在这种视野里，我们的血脉从未中断，经历了五次大灭绝后都存活了下来。这显示出生命具有强大的创造能量和想要继续下去的生命渴望。如果把自己和世界的福祉融为一体，我们就会允许这种渴望和创造性的能量经由自己来发挥作用。当有人问热带雨林保护者约翰·赛德如何面对绝望时，他回答道：

> 我努力记住，不是我——约翰·赛德，试图保护雨林。相反，我是雨林自我保护机制的一部分。我是融入了人类思考的一部分雨林。

原住民信仰体系的核心，就是认为自己是地球生命体固有的一部分。神学家哈维辛·迪马在非洲马拉维长大，关于那里的传统世界观，他写道："我们生活在与人类、动物和地球互惠的生命之网里，他们是我们的一部分，我们也是他们的一部分。"

感知更大的自我

如果仅仅将自己视为独立的个体，我们就会认为自己的情感源自内心，它们只在自己的故事里才被理解。而家庭治疗从不同的视角看到自我，它把家庭看成一个活的系统。一个系统的整体，大于它各部分相加的总和，也就是说家庭的整体大于所有成员的总和，家庭通过成员彼此的感受和行动来运转。

运转良好的家庭，会在困难时期团结一致，帮助每个家庭成员渡过难关。当危机出现时，比如某个家庭成员生了重病，惊慌和担忧的情绪就会在家庭中传递，通常从一个人传给另一个人，从而激活一个集体的反应机制。同样的过程也发生在其他人类系统中，比如有凝聚力的团队或社区。

我们可以用类似的方式来看待我们为世界感受到的痛苦：世界体系，或者说盖亚，在通过我们来感受。作为生命共同体的一部分，听起来似乎很抽象，这种高维心灵境界或许只有经过多年冥想才能达到。然而，当我们为世界受到的任何伤害而内心有所触动，从而流泪时，我们就在直接感受与地球生命体的连接。

不同的进化故事

新达尔文主义认为，进化是激烈竞争的产物，每一个物种都在为了生存与其他物种进行一场恶战。而主流科学界接受了一个完全不同的观点，叫作**内共生理论**。这一理论提出，进化并不是因竞争而产生的，而是通过物种合作来实现的，甚至是独立的生物体结合在一起，创造出全新的生命形式。作为这一理论的主要支持者，林恩·马古利斯和多里·恩萨根写道："生命不是通过战争来接管地球，而是通过相互关联。"

从生命的最初去追溯其发展，可以看到一个反复出现的模式，那就是小的部分聚集在一起，整合成更大的整体。最初，只有单细胞生物，接着在某个时间点，出现了一个显著的转变：一个个独立的细胞从各行其是，到成为有组织的细胞群有机体。然后发生进一步的进化跃迁：简单的多细胞有机体进化成由不同器官组成的复杂生命。另一重要阶段，是具有社会性特质的生命体出现，比如像蚂蚁和蜜蜂这样的昆虫，它们形成复杂的社群，作为一个综合的系统在运转。人类也呈现出这种社会趋势，只是程度更高、更复杂，它允许个体能够做出自己的选择，又成为更大社群的一部分。

从整个人类历史来看，我们也一直遵循着这样的进化模式，小部分聚集在一起形成更为复杂的整体。千百年来，我们一直作为狩猎者和采集者存在于小部落群体中，高度适应多变的环境。随着农业的发展，小部落群体转变为更大的村庄定居下来。随着时间的推移，村庄联合起来构成了宗族或民族。这些区域性群体结成联盟，就成为国家。一次又一次，分裂的民族开始建立共同事业，达成更大的身份认同。

危机是促进人们团结的因素之一，它也可能产生相反的影响，引发社区解体和共同身份瓦解。我们面临的全球性危机，可能使人类分裂成碎片，为了争夺最后一点资源而斗争；但它也可能成为一个转折点，把我们推向下一次进化的飞跃。

连接意识的涌现

看一群爵士乐手即兴演奏，是非常有趣的事。若干独立个体既可以单独表演，又可以作为一个整体来演奏。随着音乐的流动，任何一位演奏者都可以独奏来带领乐团。带领者的角色在不同演奏者之间无缝衔接。谁来决定钢琴或小号什么时候出场呢？不仅仅是演奏该乐器的人，演奏其他乐器的人也会退让以创造开放的空间。这里每时每刻所做的选择，都同时涉及两个层次上的思考：一是乐队作为一个整体；二是乐队内部的每一个个体。

当人们通过集体的思考过程来协调行动时，我们可以认为这是**分布式智能**。没有专人负责，演奏者关注团体的共同目标并受其指引，同时又可以自由行动。对于一起即兴创造的音乐家而言，他们需要非常用心地倾听和表达，既表达自己的个性，又互相作用来表达整体的声音。他们用一种有助于表达整体声音的方式来表达自己的个性。当他们与乐队调谐，并与之建立联系时，音乐就好像在通过演奏者自行演奏一般。

分布式智能的一个关键特征是，没有任何一部分必须拥有全部答案。相反，整体的智慧通过各部分的行动和互动而产生。在具有创造性的团队中，一个想法可能在对话中出现，然后被其他成员扩展和改进，它的发展由在场的每一位参与者塑造。转变身份认同感会使团队凝聚在一起，人们因认同而为团队行动，不仅仅是为了自己。

下一个进化的飞跃会不会源于认同的转变？在这种转变中，我们从为霸权而战的故事里解脱出来，加入地球上更大的生命团体，发挥自己的作用。人类，甚至所有的生命体，作为一个整体而激发的创造力和生存本能，能不能通过我们个体发挥作用？在这里，相互连接的意识源于自我利益的扩展；在这里，我们被为众生福祉而行动的意图指引。佛教称这种意图为**菩提心**，它将我们的注意力从个人幸福转移到集体幸福上。

我们站在进化的十字路口，可以共同转向任何一个方向。我们自身的选择也是这个转变的一部分。借用《星际迷航》中的一句台词：我们可以选择自己生命的"首要指令"。当我们的核心组织要务变成所有生命的福祉时，世界的复苏就经由我们而发生。即便不知道这个复苏过程能实现多少，我们也知道自己给予了支持。

香巴拉勇士预言

我们所做的决定不仅指引着生命的流向，也指引我们如何展开自己置身于其中的故事。有一个源自藏传佛教、流传了 12 个世纪的古老预言，深深地启发了我们，它被称为"香巴拉王国的来临"。故事的主人公叫作香巴拉勇士，他们试图用熟悉的力量来力挽狂澜、拯救世界。受佛陀教诲的启发，故事里讲到两个根基，一是慈悲的精神力量，二是洞察万事万物相连的智慧。

这里引用其中一个版本，是 1980 年元旦乔安娜从她的挚友兼老师竹古确吉仁波切那里听来的。虽然被称为预言，但故事并未讲明香巴拉勇士是否最终战胜了野蛮势力的军队。

有这样一个时刻，地球上所有的生灵都岌岌可危。某些巨大的野蛮势力出现了，他们费尽心思，花费巨额财富，想要消灭彼此。他们的共同之处是都拥有极具破坏力的武器和科技。而这些科技应用起来都会产生大量废物。就在所有生灵的未来都命悬一线时，香巴拉王国出现了。

你无法去到那里，因为它不是一个具体的地方。它存在于香巴拉勇士的心中。你无法通过外表识别这个人是不是香巴拉勇士，因为他们既不穿制服也不戴徽章。他们没有旗帜来标识阵营，没有阻挡敌人或供自己安营扎寨的屏障。他们甚至没有自己的主场。香巴拉勇士只是在野蛮势力的地盘上展示自己的力量。

现在这个时刻来临了，香巴拉勇士需要展现巨大的勇气，这勇气来自肉体，也来自心灵。这是因为他们要直击野蛮势力的核心地带，摧毁他们的武器——各种意义上的武器。他们在进入制造武器的坑洞和堡垒，也在进入制定决策的权力走廊。

现在请注意：香巴拉勇士坚信这些武器能被摧毁，因为它们是"马诺玛雅"，意思是"意识制造"。用人类的意识制造出来的东西，也就意味着可以被人类的意识摧毁。我们所面临的危险不是来自恶魔或某种邪恶的外星力量，也不是不可改变的命中注定。相反，这些危险来源于我们的关系、习惯和我们的选择。

"现在是时候了，"确吉仁波切说，"香巴拉勇士要训练了。"

"他们如何训练呢？"乔安娜问。

"他们需要训练使用两种工具。"他说。

"什么工具？"她问道。

他举起双手，就像喇嘛在寺院舞蹈时举着金刚和钟那样。他说："一个是慈悲，另一个是洞察万事万物相连的智慧。"

"两者缺一不可，你都需要。你需要慈悲，因为它赋予你力量，让你走向你要去的地方，做你要做的事。慈悲让你不惧怕世间的痛苦，当你不再恐惧时，也就没有什么能阻挡你了。只是，慈悲之心会过于炙热，它会耗尽你。

"因此你还需要另一个工具，那就是能够洞察万事万物相连的智慧。当你拥有智慧时，你就会明白：这不是一场好人和坏人之间的战斗，而是贯穿每人心中那条善与恶之间的线。你也会明白，我们都通过生命之网如此紧密地相连，即便是最渺小的行为也会让整个生命之网泛起涟漪，其影响远超我们能感知的范围。

"但这种智慧会偏冷静，甚至有些抽象。所以也需要慈悲之心与之平衡。"

这就是这则预言的本质。如果你看到过藏族僧侣或僧尼唱诵，你可能会注意到他们用双手同时做手势，或跳马德拉舞。那很可能就是他们在慈悲和智慧间舞动。我们都可以用自己的方式来体现这两者。

香巴拉预言的应用

当我们在工作坊和课上分享这则预言时，很多人感受到了强大的召唤，要在这个时代发挥一己之力。人数之多让我们感到很震惊。看到乔安娜讲述这个故事的视频后，奥西亚恩感动得流下了眼泪。她写道："这个故事证实了我亲眼所见和刻入骨髓的感受。我好像突然意识到，我已从内心深处知道我属于哪里、我需要做什么。"

我们受到一个故事的启发，想要加强它在生活中的影响，可以用"如果……那会怎样"句式来练习。例如，当认识到一个故事的来源不同于自己熟悉的文化和时代时，问一问自己：此时此地，如果这也是我们的故事，那会怎样呢？如果这是你的故事，又会怎样呢？

这样，我们就会通过这则预言重新看待"我们是谁"以及"在此时我们需要发挥什么作用"。每个"如果……那会怎样"的句子都邀请我们尝试用不同的方式来思考这个故事。我们也邀请你来尝试这个方法！下面是一些有助于理解和体会香巴拉预言的方法。

香巴拉王国在一个非常危险的时刻出现在香巴拉勇士的心中和意识里。如果我们将香巴拉王国看作我们内心最深处的一种认识，它知道我们属于这个世界，也知道我们源自更大的集合体，那会怎样呢？如果把自己看作地球生命之国的一员，而不仅仅属于这个或那个国家，我们就会认识到我们是共享同一家园的地球公民。无论在哪里，当我们看到从太空拍摄的地球，我们的骨子里知道这是我们的归属，这是我们的家乡。

勇士这个词并不仅仅指参与战争或擅长战斗的人。它也指那些为理想挺身而出的人。我们可以将香巴拉勇士视为对地球上的生命极其忠诚的人，他们下定决心贡献一己之力，来保卫地球上的所有生命。

这些勇士的任务是摧毁严重威胁世界的武器。如果我们不仅从军备层面看待武器，而且从更广泛的层面看，武器代表任何有危害性影响的东西，那会怎样呢？例如，枪是一种故意造出来的武器，设计它的目的就是造成伤害。然而，令人惊讶的是，世界上每年死于车祸的人比死于枪击的还要多。这甚至在我们开始计算空气污染、碳排放和道路建设的生态成本之前就已经发生。也许香巴拉勇士的作用还包括消除人们对汽车的依赖。人类的生活方式可以被重新设计，比如减少对旅行的需求，即使去旅行，我们也可以考虑使用危害较小的方式。

2009 年，澳大利亚的"黑色星期六"大火造成了 170 多人死亡，而其释放的能量相当于 1,500 枚投放于广岛的原子弹。在 2019~2020 年的澳大利亚丛林火灾中，所燃烧的土地面积是"黑色星期六"大火的 40 多倍，杀死了十几亿只野生动物。每年大量的温室气体排放，让野火燃烧越来越频繁地发生。我们的高碳社会和生活方式就像导弹和坦克一样，都是武器。如果我们的使命是消除人类对化石燃料的依赖，那会怎样呢？

武器会造成伤害，但造成伤害的不仅包括武器本身，还包括我们的思维模式，它将战斗作为应对和解决冲突的方式。如果摧毁武器还包括转化思维方式——比如将人分成"我们"和"他们"的思维方式会煽动人们互相残杀，那么要转化这种思维方式，会怎样？

继续探索思维的影响，下图中哪一个是更致命的武器：手握的锄头还是驱使人错误使用它的思想？

图 11　有害思想就像武器一样

也许最有害的信念就是导致我们忽视行为的力量和重要性的信念，它们使我们容易忽视行为会带来的有害或有益的后果，阻碍我们提升改变的积极性。我们需要消除那些使自己难以认识到个人影响力的思维方式。我们需要转向一个更赋能的观点，这正是下一章的重点。

第六章

另一种力量

我们是生机勃勃的地球的一部分，这一更广泛的身份认同感驱使我们要采取行动。我们为世界感受到的痛苦让我们对所处的环境有了紧迫感，但我们仍然会认为这场全球性危机超出了我们能力的影响范围。在最近一项针对 2,000 位成人进行的调查中，英国心理健康基金会发现，无力感是人们迄今面对全球性问题最普遍的反应。学生乔在他的博客中表述了他的无助感：

> 在我看来，只有企业和政治领导人才有真正的力量去解决气候变化的问题。像我这样的个体真的能为气候变化做出贡献吗？坦诚地说，这种想法挺可笑的。我这样想不对吗？我要放弃吗？

乔认为只有身处金字塔塔尖上的人才有力量。乔的观点具有

普遍性并低估了我们自身的行动力。当以新的眼光来看待事物时，我们会发现对力量的不同感知和体验。在我们继续探索之前，我们需要先说明旧有的力量观和其所带来的问题。

旧有的力量观

在旧有的故事里，力量是基于对他人的支配地位或优势的，这种地位可以确保享有获得资源和影响力的特权。这样的力量就是随心所欲，让他人做你想要实现的事。这里的底线是能够在冲突中获胜。你击败的人越多，你的位置就越高。我们将这种类型的力量称为权力控制。让我们看看它会将我们带往何方。

无力感很普遍

权力控制基于输和赢的模式。在力争拔得头筹的竞争中，大多数人最终都会输掉。"掌权者"的位置只能容纳少数人，让更多人留下类似乔在博客里写的那样的感叹："像我这样的个体能够为解决问题做出贡献的想法似乎很可笑。"

虽然我们在自己个人生活的某些方面可以做主，但我们仍认为自己的力量是有限的。因为全球性危机的问题通常远远超出我们自己认为的能力范围，我们认为思考这些问题是浪费时间。比如，我们经常听到有人说："为你改变不了的事而担忧没有意义，你也无法改变世界。"

权力被视为商品

什么可以让一个人处于更有利的地位呢？是他拥有别人没有的东西——无论是金钱、武器、物质资源、人脉还是信息。当信息能带来利益时，它就成为可交易的资产。因此，有价值的知识会被隐藏，公众的知情权也会因保密而被剥夺。

甚至连选举中的选票也被认为是可以购买的，竞选资金依赖于既得利益集团的巨额捐赠，它们期望得到回报。塑造我们社会发展方向的权力已经成为一种可以买卖的商品。当权力成为一种需要掌控、捍卫和积累的财产时，它就被从普通人的手中夺走了。

权力制造冲突

权力控制的本质是对立，因为获得权力就意味着把它从别人手中夺走。要想超越他人，无论是作为个体还是群体，你都需要把别人推倒；要掌握权力，就需要排除异己。而那些被推倒和被排除的人会心怀怨恨，所以当权者要密切关注反对派，防止他们

变得强大，构成威胁。

　　恐惧是这种力量模式的内在特征，即使你处于巅峰，也要保持警惕，以免失去优势。在坐稳头把交椅的斗争中，无情和不诚实已经变得如此普遍，以至于权力与腐败之间的联系常常被视为不可避免。

　　支配地位给予使用资源的特权。为了维持支配地位，人们花费大量的金钱来变得"强大"，从而赢得战斗。2020 年，全球用于武器的开支约为 2 万亿美元。从这个角度来看，每年仅花费其中的 1% 就足以解决世界饥荒问题。

权力助长心智僵化

　　当展现力量变得重要时，改变观点就被视为"屈服"，是软弱的标志。在政治讨论中，赢得胜利比加深理解更为重要。这种立场阻碍了人们对新信息所持的开放态度，并扼杀了应对变化所需的灵活性。

权力变得可疑

　　当完成"有权势的人往往是……"这个开放句时，工作坊的参与者往往对成为有权势的人表现出复杂的感受，识别出其吸引人和不吸引人之处。一方面，他们认为有权势的人热情、清晰、坚定和勇敢；另一方面，他们也认为这些人更容易孤独、阴险、不诚实和不受欢迎。

那些希望找到改变世界的力量，但又不想进入一个充满不信任、孤独或腐败的战场的人，感到进退两难。对权力的怀疑导致人们不愿意采取权威性的行动。许多人对主流政治已不再抱有幻想，看看许多民主国家的低选举投票率就知道了。幸运的是，权力控制模型并不是理解力量的唯一路径。当我们用新的眼光看待力量时，更具吸引力和建设性的替代方案就出现了。

力量的新故事

力量一词来源于拉丁语的"potere"，是"有能力"的意思。我们现在关注的这种力量并非用于支配他人，而是用于帮助我们脱离所处的困境。这种力量观不是建立在我们拥有的财富或地位的基础上的，它根植于洞察力和实践，根植于优势和关系，建立在慈悲心和我们与生命之网的连接之上。

纳尔逊·曼德拉就是一位拥护合作权力模式的人。20 世纪 80 年代初期，南非实行种族隔离制度，政府拥有一支训练有素的军队，有先进的武器和核导弹。曼德拉是非洲人国民大会（ANC，下简称"非国大"）的代表，在监狱里度过了 20 多年。虽然许多人担心需要通过内战才能结束种族隔离，但实际上种族隔离并非通过在战斗中取胜而结束，相反，这种转变是通过谈判和达成共识而实现的。正如曼德拉所说，要启动这一进程，需要的是"沟通、沟通、沟通，而不是战争、战争、战争"。

在他的自传《漫漫自由路》中，他描述了在单独监禁期间，他推进这一进程的决定：

> 孤独给了我某种自由，我决定用它来做一件我深思熟虑的事情：开始与政府进行谈判。这将是非常敏感的。双方都认为谈判是软弱和背叛的表现。除非对方做出重大让步，否则双方都不会坐下来谈判……而我们这方需要有人迈出第一步。

当我们以促进疗愈和改变的方式来应对困境时，我们就是在展现力量。曼德拉为在南非建立多种族的民主制度所做出的贡献，就是一个鼓舞人心的例子。

由于曼德拉没有得到非国大组织委员会的授权，开始与敌人谈判可能会被视为背叛或出卖。迈出和平的第一步需要勇气、决心和远见。像这样的内在力量常常被认为是一些人恰好拥有而另一些人所不具备的。然而，这些品质与我们可发展的技能和可进行的实践密切相关。把勇气和决心当作我们可实现的而不是我们所拥有的，这有助于我们发展这些品质。它们来自我们参与的实践和我们在互动中产生的动力。这种模式是与关系相关的，我们称之为**力量协同**。

1+1>2

曼德拉与政府进行的谈判是有效的，因为双方都认识到，发动战争会让他们失败，而找到和平之路则会让他们都获益，他们从输和赢的冲突模式转换为致力于双赢的结果。战争是谈判的替代方案，但战争会让双方都输掉。

力量协同是基于协同增效作用的，即双方或多方共同努力可以带来他们单独投入或竞争所无法达到的结果。因为在互动中会出现一些新的和不一样的东西，我们可以把它看作"1+1>2"，这是"整体大于部分之和"的另一种说法。

大量涌现和协同增效作用正是**力量协同**的核心所在。它们产生了新的可能性和新的能力，并增加了神秘这个元素，因为我们无法仅从事情的开端就确定它会如何发展。我们知道铜和锡的强度，但仍然会惊讶于两者混合产生的青铜的强度。当我们为了一个共同的目的而与他人合作时，这样的事也会发生。D. H. 劳伦斯写道：

水是 H_2O，

两个氢，

一个氧，

但使其成为水的还有第三种力量，

没人知道那是什么。

我们可以在对话中体验到协同增效作用。如果双方都有勇气和意愿去探索新的领域，相互交谈和倾听可以打开一个创造性的空间，新的可能性由此产生。这就是发生在曼德拉和当时的南非总统德克勒克之间的谈判，这对看似不太可能成为搭档的搭档，在 1993 年共同获得了诺贝尔和平奖，以表彰他们在寻求和平解决问题方面的非凡成就。

大量涌现

曼德拉和德克勒克之间的对话在结束种族隔离制度中发挥了关键作用。尽管如此，如果没有更大范围的支持，这种历史性的变革也无法发生。在南非，人们每天冒着生命危险参与争取变革的斗争。在世界各地，数以百万计的人通过加入抵制和各种运动来发挥支持作用。如果我们只关注个别的、单独的活动，就很容易认为"那不会有多大作用"而放弃参与。要看到每一个单独行动的力量，我们需要问："这是什么的一部分？"一个看似无关紧要的行动本身就会以有助于更大范围的变革的方式促进其他行动，并与它们互动。

还记得数字图像和报纸照片的例子吗？高倍放大后，数字图像看起来只是一堆微小的像素集合，但是当我们从远处看到它的整体时，更大的图案就会呈现在眼前。同样，一个更大的变革图景会从许多微小的单独行动和选择中浮现出来。这种小步骤和大变化之间的联系以一种全新的方式打开了我们的力量。每一个单独的步骤本身不一定会产生重大的影响，因为我们知道，一项行动的好处可能在行动本身来看并不明显。

共同的愿景、价值观和目标通过人与人之间的传递而流动。纳尔逊·曼德拉坚定地致力于许多人所秉持的国家愿景，这一愿景的力量通过他传递给了其他人。这种力量不会被监狱的围墙所禁锢，它就像一种电流，照亮了我们的内心，也激励了我们周围的人。当一个愿景流经我们时，它就经由我们说了什么、我们做了什么以及我们成了怎样的人体现出来。这三者的结合构成了一个整体，远大于各个部分之和。下面这段话，来自曼德拉在 20 世纪 60 年代受审时的辩护，这段话因他随后采取的行动而具有重大意义：

> 在我的有生之年，我投身于非洲人民的这场斗争。我与白人统治斗争，与黑人统治斗争。我一直怀有一个民主和自由社会的理想，在这个社会中，所有人和谐共处、机会均等。这是我希望为之而活的理想，并希望它可以实现。如果需要的话，这也是我愿意为之牺牲的理想。

大量涌现的力量

力量协同的概念蕴藏着深层的含义，至此，我们已经描述了四个方面：第一，当我们面对挑战并迎难而上时，我们会汲取内在的力量；第二，与他人合作产生的力量；第三，每一小步中微妙的力量，只有当我们退后一步，看到它对大局的贡献时，这种力量才会显现出来；第四，当我们为一个比自己更大的目标而行动时，一个鼓舞人心的愿景会让我们充满活力。所有这些都是协同增效和大量涌现的产物。当不同的元素相互作用形成一个整体，而不仅仅是其各个部分的总和时，它们就会出现。

在每一个层面，从原子和分子到细胞、器官和有机体，复杂的整体都会产生新的能力。在每一个层面，整体都会通过其各部分的互动来实现单独的个体无法完成的目标。那么，当群体共同行动形成更大更复杂的社会系统时，又会出现什么样的新能力呢？

科技发达的社会创造了我们的祖先无法想象的奇迹。我们把人类送上了月球，破译了 DNA，治愈了无数疾病。可问题是，这种集体的力量也在摧毁我们的世界。无数看似无辜的活动和选择正在共同导致地球历史上第六次大灭绝。

用新的眼光看问题，我们就会认识到我们不再是自己的小空间里的独立个体，而是在一个更大的故事里相互关联的部分。有一个问题有助于我们形成更广阔的视野："什么正在通过我而发生？"是不是因为我们的习惯、选择和行动，第六次大灭绝正在发生？通过重新认识自己对世界解体做出的"贡献"，我们找到了可以转向疗愈世界的抉择点。"**大转折**如何通过我而实现？"，这一问题带给我们一个不同的故事。这种力量贯穿于我们的选择，贯穿于我们的言行举止。

无须知道结果

大量涌现的概念解放了我们，因为它使我们无须执着于行动的结果。我们星球上的许多问题，如气候变化、大规模饥荒和栖息地丧失，都比我们能想到的大得多，很容易让我们以为试图解决这些问题是在浪费时间。如果只有看到个人行动的成效才行动，我们就会回避那些看似超出我们能够影响到的范围的挑战。然而，我们的行动是通过多重协同作用产生效果的，因此无法追踪它们的因果链。我们所做的每件事泛起的涟漪，都远超出我们的可视范围。

面对问题时，单个脑细胞并不能给出解决方案，虽然它能够参与问题的解决。思考的过程发生在比单个脑细胞更高的层次上，它是通过它们发生的。同样，作为个体，我们也无法解决世界的混乱局面，但在地球层面上，疗愈和修复的过程可以通过我们和我们的所作所为而实现。为此，我们需要发挥自己的作用。这就是**力量协同**的来源。

恩典的援助之手

　　团队中的每个人可能都很出色，但如果不将注意力从个人的成功转向团队成功，团队的最终效率将会大打折扣。当人们体验到自己是一个有着共同目标的团队的一部分时，团队精神将贯穿其中，核心的组织原则也会发生改变。指导性问题将从"我能得到什么？"转化为"我能贡献什么？"。

　　我们可以在生命中发展出类似的团队精神。当我们由自身意愿引领，找到并发挥我们的作用时，我们可以感到自己不是在单独行动，而是作为更大的生命团队的一部分，与团队一起行动。由于这个团队包含许多其他成员，在关键时刻可能会出现意料之外的盟友，隐形的帮手可以为我们清除未知的障碍。当我们被"我能贡献什么？"和"我能给予什么？"这样的问题引领时，我们有时会挺身而出，扮演引领者的角色；有时会给予支持，扮演盟友的角色。无论哪种方式，我们都可以将额外的支持视为一种恩典。下面这首诗是根据对乔安娜的一次采访写成的，这首诗由联合情报研究所的创始人汤姆·阿特利编辑而成，很好地表达了属于生命的恩典。

当你代表

比自己更伟大的生命去行动时，

你开始

感觉到它在通过你而行动，

用比你自身更强大的力量。

这就是恩典。

今天，我们为

比每个独立的个体

更伟大的生命

去冒险时，

我们感受到

来自其他生命体和地球的恩典。

那些与我们同在，

并经由我们行动的存在，

赋予我们不知道自己拥有的

力量、口才和持久力。

我们只需去实践并记住，

在生命之网中

我们彼此支撑。

我们真正的力量是一种天赋，

就像恩典，

事实上，它由他人来支持。

如果我们练习汲取我们人类同胞

和其他同类的智慧、美丽和力量，

我们可以进入任何情境，

并相信

我们所需的勇气和智慧

都将得到供给。

行动中的力量协同

通过以下三种方式，我们可以打开我们一直在描述的那种力量：

■　倾听对我们的行动召唤，并选择回应；

■ 将力量理解为一个动词；

■ 借鉴他人的优势。

倾听对我们的行动召唤，并选择回应

有时，一个问题会让我们警醒，并让我们感知到我们的内心在召唤我们去回应。选择回应这个召唤将赋予我们力量。一旦迈出第一步，我们就开始了一段旅程，这段旅程会为我们呈现各种状况，这样我们会提升我们的应对能力。面对挑战时，最能够激发我们天赋的勇气、决心和创造力。当我们与他人分享我们的目标时，同盟者就会出现，协同效应就会发生。当我们为比自己更大的事业而采取行动时，我们为之服务的更大群体就会通过我们来行动。

我们可以通过许多不同的方式体验对我们的行动召唤。有时意识到我们的行为与我们的价值观背道而驰，这一令人不安的矛盾会成为动力，我们的良知会呼唤我们知行合一。而有时候，召唤更像是一种强大的信号，即使不确定如何能做到，我们也知道，我们需要去某个地方，做某件事情，或者联系某人。

如果我们把自己看作独立的个体，我们只能纯粹从个人的角度去理解这些召唤。而当我们认识到自己是更大的生命网络的一部分时，我们就会有不同的视角。就像我们可以体验世界的痛苦，就像地球在我们的内心哭泣一样，我们可以体会到我们内在中的地球的思考，就像一种引导性的冲动，牵引我们去往一个特定的方向。我们可以将其视为"共同智慧"——一种思考和感受世界的能力。

发展与地球的伙伴关系包括倾听指引的信号，并认真地对待它们。我们的朋友、澳大利亚雨林活动家约翰·赛德，教给我们一种简单的倾听内心指引的方法，他称之为"来自盖亚的信"，这是倾听对我们的行动召唤的有力方式。

试一试：来自盖亚的信

如果地球能对我们说话，它会说什么？为了进一步寻找问题的答案，想象地球可以通过我们来书写。在一张空白的纸上，开始给自己写信，开头部分这样写：

"亲爱的［写上你的名字］：

这是一封来自盖亚母亲的信……"

继续书写，让词汇流淌出来，让你的手动起来，不要用脑想太多，让文字自然流动。如果你愿意，你可以随意用任何文字来开始这封信。

将力量理解为一个动词

旧的力量观是建立在比竞争对手拥有更多东西的基础上的。然而，**力量协同**并不是一种财产或所有权。它源于我们做了什么，而不是我们拥有什么。从把**力量**当作名词到把它当作动词的认知转变具有惊人的效力。下面是两个开放句，探索把力量当作动词的意义。

试一试：赋能的开放句

这些开放句可以用于自我反思、写日记，也可以用于与伙伴的倾听练习。

· 我通过……自我赋能

· 赋予我力量的是……

当我们在工作坊中体验这个练习时，人们描述了让他们赋能的各种方式：记住重要的事情、做真正有意义的事、体验情绪、定期锻炼、好好吃饭、睡眠充足、寻找好的同伴、冥想、关注需求（自身和其他人的需求）、大笑、跳舞和唱歌等。当讨论是什么赋予了他们力量时，参与者经常提到鼓舞人心的目标、鼓励和支持他们的朋友，以及生命的归属感。**力量**作为一个动词，将我们

指向了一个与它作为名词时完全不同的方向。

借鉴他人的优势

一种让自己赋能的方法是汲取他人的力量。在 T. H. 怀特所著的《石中剑》中有一个神奇的例子，出现在梅林教导少年亚瑟王的故事中。

作为亚瑟的导师，巫师梅林通过将亚瑟变成各种各样的生物来教导他。在一段很短的时间内，让他像猎鹰、蚂蚁、雁、獾、宫殿护城河里的鲤鱼一样生活……

挑选英格兰新国王的时候到了：能从石头中把剑拔出来的人将成为新的国王。所有参加这个比武大会的著名骑士都来到那块神秘的石头所在的教堂墓地，拼命地想把嵌在里面的剑拔出来。他们气喘吁吁，汗流浃背，争先恐后地证明自己的力量超群。尽管他们使劲地拉扯和咒骂，但都没有用，剑还是纹丝不动。当愤然离开的骑士们回去参加他们自己日常的战斗时，当时只有十几岁的亚瑟在后面徘徊，他来到石头前碰运气。他抓住剑柄使劲拉扯，直到浑身湿透，筋疲力尽，剑仍然一动不动。他环顾四周，在教堂墓地周围的灌木丛中看到了那些曾和他一起生活和学习过的动物——獾、猎鹰、蚂蚁和其他动物。当他用眼神向它们打招呼时，他再次体验到它们身上所拥有的力量——坚毅、机智、勇敢、坚韧不拔……他知道它们与他同在，便转过身来，轻松地呼吸着从石头里拔出了那把剑，顺利得就像将刀从黄油里抽出来一样。

当我们建立起一种战友的情谊、归属感和连接感时，我们就好像回到了我们的根系，这就是**力量协同**，它来自我们可以利用的更大的网络，并通过我们来行动。

在克里斯的工作坊里，他有时会要求人们回忆自己曾经做过的一件带来改变的事。这不一定是什么伟大的事，可能只是一些积极的行动，推动了改变的发生。随后，在三四个人的小组里，他要求人们轮流讲述他们的故事，并确认哪些优势帮助了他们扮演这个角色。练习中，他经常听到人们说，"听到你描述如何利用你的优势，也帮助我认识到自己也有这种力量"。当别人展现他们的优势时，也能帮助我们看见自己的优势。我们可以从对方身上"捕捉"到这种力量。

当你苦苦挣扎时，记住石中剑，想象自己试着把它拔出来，暂停片刻，记住那些激励你的人，想象他们在你身边，汲取他们的力量。想想所有支持和信任你的人，也从他们身上汲取力量。想想你在为谁行动、为了什么而行动，感受他们通过你而行动的力量。

第七章

丰富的社区体验

　　丹麦民间流传着一个关于两位国王的古老传说。"你看那座塔，"第一位国王指着城堡高处一个严加防卫的地方对第二位国王说，"在我的王国里，我可以命令我的臣民爬到塔顶，然后跳下来摔死。这就是我的力量，所有人都会服从。"正来此访问的第二位国王环顾四周，指着附近一个窄小而简陋的住所说："在我的王国里，我可以敲开这样一所房子的门，在任何一个城镇或村庄，我都会受到欢迎。这就是我的力量，我能在那里安稳地睡觉、过夜，不必担心自己的安全。"

　　第一位国王有控制力量，第二位国王有协同力量。合作的道路会带来另一种不同品质的关系，也会带来更丰富的社区体验。在这一章中，我们将讨论合作和社区如何丰富我们的生活，增强我们的安全感，并为我们的行动提供更稳定的基础。

孤独的蔓延

社区一词通常指生活在共同的特定地点或在某些方面，如职业、活动或种族背景等有共同之处的人。但在现代的城市环境中，人们可以住在同一栋楼里，却仍然没有发生真正的连接。在评论西方社会普遍缺乏社会认同时，精神病学家斯科特·佩克描述了他在纽约公寓区的成长经历：

> 这栋楼是紧凑型住宅，居住着22户人家。我知道对面那户人家的姓氏，但从不知道他们的孩子的名字。在那里居住的17年里，我只进过他家一次。我还知道这栋楼里另外两户人家的姓氏。其他18户人家，我连名字都叫不出来。

太舒适和自给自足的生活可能让我们不再意识到对彼此的需要。如果每个家庭都有自己的洗衣机、电子娱乐设备和充足的食物供应，我们为什么要敲响邻居的门？体验到相互需要会促使人们伸出手去联系外界，因此像"匿名戒酒会"这样的自助团体，已经成为社区和联谊很丰富的表达方式。通过共享痛苦的经历，团体成员懂得了"我无法做到，但我们可以"的道理。当危机激发人与人接触时，它就会成为一个转折点。

我们对安全和生活满意度的追求在哪里可以得到满足？在**一切照旧**的故事中，核心情节是提高个人地位有赖于经济上的成功，它假设人们是通过获得更多更好的东西来满足自己的需求。这个故事让人们把时间、资源和注意力投入自己的小圈子中，而不是他们的关系和社区中。例如，在美国，近几十年来，说自己没有可信之人的比例几乎增加了两倍。在 2020 年新冠肺炎大流行前发表的一项调查结果发现，超过 60% 的人认为自己感到孤独。在紧闭的大门后，是一种蔓延到整个工业化世界的孤独流行病。

互助网络可以带来很多益处，包括提升幸福感和自我评估的健康状况，降低压力和孤独感，减少抑郁，改善儿童发育，降低犯罪率等，心脏病发作的风险和总体死亡率也在降低。社区内的支持性关系网络被称为"社会资本"，它是一种提高生活质量的财富形式。不幸的是，随着个人主义和消费主义的进一步发展，这一巨大财富正在衰落。新冠肺炎又带来了新一轮的沉重打击。虽然很多鼓舞人心的例子都表明人们在主动建立相互支持的网络，可疫情仍然让很多人感到彼此更加疏远。

不同世界的可能性

偶发的一些事件会消除现代社会普遍存在的孤立和彼此间的冷漠。丽贝卡·索尼特在《建在地狱的天堂》一书中描述了这样一个情况：

> 2003 年 10 月，一场飓风摧毁了加拿大新斯科舍省的哈利法克斯市。那之后不久，我来到这个城市。带我参观的人和我谈起这场飓风，他没有提风以每小时 100 多英里的速度呼啸着，摧毁了树木、屋顶和电线杆，也没提近 3 米高的海浪，他说起的是自己的邻居们。他谈到那几天，一切都被打乱，但是他内心充满了幸福感。他的街坊邻居们都从房子里走出来，互相交谈互相帮助，一起搭建临时社区厨房，确保长辈们安好。他们一起度过那几天，彼此不再是陌生人。

通常人类在紧急情况下会齐心协力，甚至冒着生命危险帮助他人。索尼特在研究人类面对灾难时的反应时发现，人类在危急时刻挺身而出的概率，要比很多人怀疑和想象的更常见、更令人感动。她提到自己在 1989 年旧金山湾地震中的经历，以及她注意到自己和他人互动时自己的感恩心理。她记录下了这种感觉：

> 这是一种沉浸于当下的感觉，当日常生活被打乱时，与他人的团结一致，是一种比快乐更严肃但却非常积极的情感。这种情感甚至难以言表：糟糕包裹着美好，悲伤包裹着喜悦，恐惧包裹着勇气。我们不能欢迎灾难，但我们可以珍视灾难后的反应，无论是实际发生的还是心理上的反应。灾难为人们了解社会需求和可能性打开了一扇不寻常的窗户。

当餐桌上的食物有所保障时，我们无须为生存锻炼创造力或社交智慧。而面对灾难时，情况就不同了。不断逼近的危险会激活我们的智慧和合作意愿，从而带来新的活力和对社区的需求。当商店被洪水淹没，医疗系统陷入混乱时，邻居的援助之手或临时搭建的厨房比金钱或地位更保险。当我们伸出手来互相帮助时，生命就变得更有意义、更有成就感。我们也会意识到，没有人能独自生存或成长。这也是海伦娜·诺伯格·霍奇在拉达克村民身上所发现的（见第五章），他们知道自己的生存依赖于土地和周围的人，他们体会到相互依存才是生活的基础。

当我们说用新的眼光看时，看到的就是这种相互依存。没有所谓的"自我成就之人"——每一个个体在自我成就的过程中，也被彼此和世界成就。当飓风、洪水、地震等横扫人们对自给自足的幻想时，我们同时也意识到：我们多么需要彼此，多么依赖他人，多么依赖更大的生命网络。想到有一天可能会有人把我们从废墟中拉出来，我们就会由此对他人产生一份特别的尊重。想到如果没有其他生命体，人类根本就无法生存，我们也会特别地尊重它们的存在。

舒适圈开始破裂

我们不必等到自然灾害发生时，才开始体验索尼特和其他人所描述的丰富社区。在工作坊里，我们经常目睹人们慢慢打开社区意识。随着越来越多的参与者表达自己对世界崩溃的悲痛、恐惧和愤怒，人们逐渐意识到，所有人都生活在同一个灾区。听着彼此说出这个世界上正在发生的悲剧，我们更加确信自己并不是唯一注意到这些悲剧的人。社区正是通过表达共同关心的事情而建立起来的，随之建立的还有人们挺身而出做出回应的共同意愿。

在工作坊里，我们经常做一种叫作"空间磨盘"的练习。在练习中，参与者在房间里四处走动，然后在一位伙伴面前停下来。

我们邀请他们思考，面前的伙伴可能会成为**大崩溃**的受害者。考虑到当下各种威胁，像与环境相关的癌症、蓄势待发的核弹头、流行病的感染以及与气候相关的灾害增多，这种假设极有可能成真。然后，我们让参与者意识到，他们面前的伙伴也可能对疗愈世界做出重要的贡献。

这一过程揭开了常态的面纱，这面纱屏蔽了我们所面临的真正的危险。**一如照旧**的泡沫在这一刻消失了。这一练习也让我们意识到，每个人都能为世界做出重要的贡献。我们永远不知道自己的行动是否会产生决定性的影响。我们可以知道的是，通过彼此支持，我们可以让这种事更有可能发生。

此刻，**大崩溃**的影响分布不均。虽然气候灾害已经摧毁了数百万人的生命，但还有数百万人待在自己舒适的家中，仍不相信这是一个问题。

随着世界的崩溃，问题变得越来越难以隐藏。不幸的是，对一个问题产生共识并不一定能让人们聚在一起，形成相互支持的社区。当只是模糊地感知到但并不理解这个危险时，人们可能会对彼此失去信任、萌生敌意和寻找替罪羊。面对逆境时，人们可能团结起来，也可能相互对抗，可能走出自己的小圈子，也可能进一步回退。

随着新冠肺炎大流行，我们已看到这两种事情都在发生。在恐惧和混乱的背景下，错误的信息和阴谋论在社交媒体上迅速传播，极端两极分化的观点让很多家庭和友谊破裂。与此同时，尽管必要的隔离阻碍了社区生活，但还是发生了很多鼓舞人心的事，人们开始出手援助此前从未谋面的邻居。

我们理解力量的方式极大地影响着我们的选择。人们和国家越运用控制力量，就越依赖武力以维持优势地位。这种方式让世界充满了敌人，我们必须保卫我们自己。

社区的四个层次

在第五章中，香巴拉勇士的预言描述了人类面临的危险来自关系、习惯和优先级。而香巴拉勇士的使命是摧毁这些可以毁灭世界的人造武器。

我们已经了解到"武器"一词不仅适用于军备，也适用于破坏性的思维和行为方式。将人类划分为"我们"和"他们"，正是要被摧毁掉的破坏性思维。要做到这一点，我们需要使用两个工具：慈悲和洞察万事万物相连的智慧。这两个工具能够消除制造假想敌的思维，将人类带入丰富的社区体验。

我们可以从不同的层次来看待社区，每一个层次都会逐渐拓展我们对自己的归属感的感知、对是什么滋养了我们的感知和对我们为什么而行动的感知。这些层次是：

- 让我们感到自在的团体
- 更广泛的周边社区
- 全球人类共同体
- 地球生命共同体

在每一个层次，我们都可以运用智慧和慈悲这两种工具去消除那些分裂世界、让我们彼此对立的思维模式。建立社区是一个自我强化的过程，因为它不仅有助于疗愈世界，也能提高我们的生活质量。就像丹麦民间传说中的第二位国王，当人们感受到周围人的欢迎而不是威胁时，晚上就会睡得更香。让我们依次看看社区的每一个层次。

让我们感到自在的团体

让我们感到自在的团体一般都比较小，团体成员能够知道彼此的名字，有共同的兴趣，甚至共同的目标。在这样的团体中，自在的感觉并不都是马上就产生的，有时需要时间来建立信任和自在感。当感受到共同的目标和相互支持时，我们就形成了强大的协同环境。

我们经常会在冒险故事中看到这一层次的社区：一小群核心人物精诚合作，共同实现一个更大的使命。在《哈利·波特》中，哈利、赫敏和罗恩之间的连接，源于他们面对危险时的共同反应。在《指环王》中，佛罗多与他的指环王盟友们一起完成了使命，他们为彼此所做的一切，创造了一种坚韧、持久的社区意识。当我们与他人为共同的目标行动时，同样的事情也会发生。

一个让人感到自在的团体可以支持个体发生非凡的转变。当我们感到足够安全时，我们就会卸下防御，彼此之间的互动方式就会改变，我们对彼此和生活会变得更加开放。一个叫伊恩的同事，加入了一个"致力于支持其成员为世界做出最佳贡献的组织"。他这样描述自己的经历："在这个地方，我只要出现或关心出现的人，就在做贡献了。我在这个组织中渐渐找到了一席之地，我感受到了支持，就像找到了肥沃的土壤，可以生长在其中。"

我们孤独的发声，时常被狂轰滥炸的商业现实所淹没，也被**一切照旧**的浪潮席卷。但有种魔法在像伊恩所描述的同盟群体中发生。这种同盟生成了锚，让我们得到滋养。它也创造了空间，让不同的故事得以被听到、被讲述和被赋予生命。这个安全的空间，又让我们能够分享和分担彼此的忧虑，并收获新的回应。这样的同盟群体正是**大转折**的温床孵化器。

用新的眼光看世界，意味着认知到一个比我们的个人剧情大得多的故事。这会培养一种不同类型的人际经济学，它更加慷慨和易于理解，它关注共同成就，让谁赚取的利益最多或谁拥有最高的地位这样的问题消失不见。当我们作为一个团队为**大转折**而行动时，彼此之间的友谊得以增进，并焕发出恩典的美丽。这样的团队具有支持为世界带来疗愈和变革的能力。正如人类学家玛格丽特·米德所言："永远不要怀疑，一小群有思想、有决心的公民可以改变世界。事实上，这是唯一发生的事。"

我们现在需要这样的团体，并且未来会更加需要。它们在我们遇到挫折时，为我们提供复原的基础，帮助我们适应不断变化的环境，帮助我们从逆境中恢复，并找到力量。条件艰苦时，若身边有可以信赖的一群人，我们便能够从中汲取养分，给予自己力量，这样的过程很不一样。多丽丝·阿道克，这位被称为 D 奶奶的活动家，98 岁时在费城发表演讲时，描述了这种相互支持如何改变了她在大萧条时期的经历："也许我们有时会饿，但我们饿坏了吗？没有！因为有朋友、家人和地球来养活我们……我们自己就是创造力的源泉。我们也是建立邻里友谊的源泉。而作为一个国家，我们是一条相互支持的大河。"

让我们感到自在的团体只是社区的第一个层次。与同类人建立社区并分享自己的观点很容易，它使我们亲密而获得滋养。我们从这里开始，但这只是一个开始。为了摧毁那些可以毁灭世界的武器，我们需要把社区向外扩展。

更广泛的周边社区

1958 年，A. T. 阿里亚拉通博士还是斯里兰卡一所高中的年轻科学教师。他在一个偏远的贫困村庄里组织了一个为期两周的工作营。在工作营里，他和自己的学生们帮助村民确定亟须解决的需求，然后共同努力去满足这些需求。这是一个认知自己的力量和智慧资源的过程，再加上共同行动，让人产生强烈的社区情感。这一最初的尝试最终引起了一场基于人们共同努力以满足共同需求的运动，也就是"利益众生"运动（Sarvodaya Shramadana）。这一梵文词语的意思是"通过合作而觉醒"。这一运动在斯里兰卡遍及 1.5 万个村庄。

在组织战略方面，"利益众生"运动采用了力量协同的合作模式。这样的模式奉行每个人都可以发挥作用，都能做出贡献的原则。社区厨房为解决儿童营养不良的问题而设立。它从一开始就鼓励所有在场的人，包括孩子们，来贡献一些东西，即使只是一些柴火或一火柴盒的米。通过贡献自己的时间、想法和精力，人们不仅更加尊重自己的能力，也加深了社区意识。

有一个村庄的水库 15 年前就需要维修了。村民们已经建立了厚厚的档案，里面都是他们请求当局帮助的往来信件。"利益众生"运动组织了一个由当地人和来访的志愿者组成的工作营来解决这个问题。他们当天就完成了工作，并于当晚在村里举行的庆祝活动上烧毁了所有的信件档案。

"利益众生"运动挑战了"普通人没有能力解决社会问题"这一观点，它使人们通过共同努力，让以前看似不可能完成的事成为可能。这样为共同的利益而合作让人深感满足，因为它把工作转化成一个社交场合。这一原则在 18 世纪和 19 世纪北美常见的谷仓建设运动中得到了极大的应用。今天它也被广泛地应用于世界各地的社区建设项目中。

斯里兰卡的社会结构几十年来遭受了内战和种族暴力带来的破坏，在 1983~2009 年期间，成千上万的人惨遭杀害。在此期间和之后的时期，"利益众生"运动意识到建设和平不仅是高层领导人谈判的过程，每个人也都能发挥作用。他们组织了"友好营"，邀请来自冲突各方的人在争取社区共同利益的项目中一起工作。除了建设学校和诊所外，这些项目还开辟了一个空间，使人们跨越了分歧，培养了信任，增进了友谊，并参与到创造更持久的和平之中。

可悲的是，让人们相互对抗的社会分裂在世界上仍然发挥着强大的作用。2020 年，美国的仇恨犯罪达到了十多年来的最高水平，有一万多起犯罪与种族、性别、性取向、宗教或残疾有关。由于国际上仇恨犯罪的增加，联合国秘书长安东尼奥·古特雷斯于 2020 年 5 月发表讲话，呼吁政府和人民"现在就采取行动，加强社会对仇恨病毒的免疫力"。

当我们把目光从我们的家庭中抽离而投射到外界时，我们在周围更广泛的社区中感到有多受欢迎？就像本章开始的故事里的第二位国王，我们社区的人们晚上能安然入睡而不怕受到攻击吗？我们在附近的街道上行走时会感到安全吗？2020 年，乔治·弗洛伊德被一名白人警察杀害，这也是美国多年来不停呼喊"黑命贵"运动的一个事例：在美国，黑人被警察杀害的风险比白人高得多。如果有人因自己的种族、性别、性取向、宗教信仰或残疾而在社区中感到不那么安全或不受重视，那就会削弱整个社区。

大转折从关注我们所有人的问题开始。当我们带着意识去发挥我们的作用时，我们就已经在推动这个故事向前发展。"什么通过我们而发生？"这个问题可以激发我们去寻找那些可能让别人感到不安全、不平等或不受欢迎的语言、思维或行为方式。我们可以选择放弃这些做法，转而采取那些能够丰富社会资本和加强周围社区建设的行动。

在两极分化加剧之际，建设和平的另一前沿领域是跨越政治分歧的鸿沟。两极分化阻碍了我们解决问题所需的伙伴和对话关系。在美国，"勇敢天使"是一个草根组织，它邀请人们用好奇和尊重的方式来表达分歧，而不是用充满敌意和回避的方式。它的网站 Braverangels.org 提供了各种鼓舞人心的实例，启发人们探索不同类型的对话方式。美国国会议员也深受启发，他们呼吁该组织的创始人将这些方法传授给他们。

上述这些举措如果单独来看，它们的影响力似乎有限。但当我们考虑到它们是什么故事的一部分，以及它们的前进方向时，我们就能认识到它们的力量。**大转折**包括改变我们的文化。人们如何在更广泛的社区内互动和相处，是这一转变的要素。

全球人类共同体

1963 年，马丁·路德·金在亚拉巴马州伯明翰市参加非暴力民权抗议活动时被捕。他在牢房里写了一封在现在看来非常有名的信，回应了对示威活动的相关批评，也回应了所谓的"局外人"
角色：

> 我认识到所有社区和州之间是相互关联的。我不能在亚
> 特兰大袖手旁观，不去关心伯明翰发生的事情。任何地方的
> 不公正都是对其他地方的正义的威胁。我们都陷在一个无法
> 逃避的相互关联的关系网中；我们都被命运的外衣捆绑在一
> 起。直接影响一个人的事情，会间接地影响所有人。

"局外人"的介入受到了批评，因为人们认为我们应该只关注
发生在自己家门口的问题。金博士驳斥了这一假设。关心他人或
代表他人采取行动，并不需要住在与那些人地理位置相近的地方。
扩大社区的是基于香巴拉勇士的两种工具——慈悲和洞察万事万
物相连的智慧的团结一致。不过，距离的确会使人变得迟钝。如
果孩子们在我们的大门外挨饿，我们自然无法忽视。而事实上，
在我们的世界里，每10分钟都有50多个5岁以下的孩子因没有
足够的食物而夭折。

为进一步看到世界严重分裂的现实，我们来设想一个有
1,000人居住的村庄。如果按当今世界人口的构成比例来看，它
会是什么样子？根据2019年更新的数据，最富有的100人占总

人口的 1/10，他们会拥有村里近 85% 的财富。而最贫穷的 100 人每天只有不到 2 美元来勉强度日，约一半的人每天只能靠 6 美元或更少的钱来维持生计。

在这种情况下，这个村庄有 12% 的居民家附近没有安全的饮用水，近 1/3 的人没有足够的公共卫生环境。这将使他们面临感染寄生虫病、痢疾、霍乱和伤寒的风险。在新冠肺炎大流行最初的 18 个月，虽然大多数人都面临巨大的困难，但村里最富的 10 个人的财富却大幅增加，而且这些富人很容易获得疫苗。到 2021 年 9 月，有 50% 的人完全接种了疫苗，而生活于贫困中的另外一半人，这一比例仅为 2%。

而在未来，这个村庄的生命力会受到第一章中提到的过冲和崩溃模式的威胁。由于淡水被取用的速度比被补充的速度快，村庄周围的水井正在干涸。由于土地被过度耕种，被侵蚀的表层土壤流失严重，可耕种面积正在缩小。同时，过度捕捞使许多以前常见的鱼类要么已经灭绝，要么数量正在急剧下降。即使不考虑气候变化，我们也很容易看出这个村庄正在走向崩溃。

如果我们居住在这个村子里，我们能看到未来它会何去何从吗？我们会齐心协力地应对挑战吗？不幸的是，正如当前全球形势所反映的那样，这个村庄会被划分为不同的群体，彼此独立又相互竞争。村庄的大部分财富会用于军事行动，以保证资源一直掌握在村里较富裕的群体手中。而其中的一些人又相互制约，当资源逐渐枯竭时，为争夺剩余储备的战争就会爆发。

回想那两位丹麦国王，有人可能会想：让年轻人在战争中丧命和伤残，与命令他们从坚固的高塔上跳下去有什么大的区别吗？相比之下，**大转折**旨在创造一个让人在晚上睡觉时不用担心自身安全的全球社区。

1975 年，当海伦娜·诺伯格·霍奇第一次访问拉达克时，一位村民对她说："我们这里没有穷人。"他说的是实话：每个人的基本需求都得到了很好的满足。在物质方面，这里没有很富有的人。不过，在社会资本方面，拉达克人是她见过的最富有、最幸福的群体之一。丰收时他们一起歌唱，他们平和的状态很有感染力。她常常听到村民们说"我们必须共同生活"。当冲突出现时，他们会像念咒语一样重复这句话，找到解决问题的方式。如果这也是我们的咒语，我们的世界会是什么样子？

我们可以在不同类型的财富中做出选择。寻求基本需求之外的物质财富会使人们彼此对立。一个国家对资源的胃口越大，就越有可能发动战争，也越有可能为了露天矿藏而砍伐森林，或为钻探海底石油而破坏海洋栖息地。用新的眼光看世界帮我们增长另一种财富，那就是找到让我们彼此归属的社区。

地球生命共同体

2009 年，因为对一条河的热爱，阿里·霍华德在 28 天内游了近 380 英里。这是因为壳牌公司计划在这条河流的源头周围钻 1,000 口天然气井，这会严重威胁到加拿大斯基纳河丰富的生态系统。由于这些分散的小天然气矿床埋藏在煤层中，开采过程中，高压水和化学物质就会被泵入地下。被污染的淤泥会被冲到当地的溪流中，这不仅会威胁到斯基纳河的鲑鱼产卵地，也会威胁到附近的纳斯河和斯蒂金河。为使人们关注这些天然气井将带来的破坏，霍华德游遍了斯基纳河。沿途，那些住在河边的人走出来迎接她，大家以保护河流之人的新身份团结在一起。

社区不仅仅包括人类，也包括我们所属的、身在其中的、所认同的和为其行动的一切存在和事物。对阿里·霍华德来说，她的社区包括斯基纳河本身，以及它流域内丰富的植物、动物和人结合起来的生态系统。当我们为一个社区挺身而出时，就好像这个社区通过我们来行动和说话，让我们成为它的喉舌。阿里是众多让斯基纳河通过自己开口说话的人之一。反对壳牌计划的草根联盟包括塔尔坦和伊斯库特原住民长老，他们因封锁通往河流源头的道路而被捕。还有原住民委员会、下游社区和其他保护组织也参与其中。在这样的共同努力下，他们成功了！2012年12月18日，英属哥伦比亚政府宣布，将永久禁止在100万英亩的土地上钻探石油和天然气，其中包括斯基纳河、斯蒂金河和纳斯河的源头。

为自然界发声这个角色至关重要。如果我们不做，谁来做呢？若非有人为鲑鱼、河流、荒野和其他生命代言，我们如何阻止为牟取短期暴利而将世界变成一片荒原的残暴行为呢？人类的生存岌岌可危，我们才刚刚开始真正认识到生态系统是如何通过共同作用来维持人类的生存环境的。正如盖亚理论背后的首席科学家詹姆斯·洛夫洛克所解释的："农场和城市之外的自然世界不是一个装饰，它们在调节地球的化学成分和气候。生态系统是盖亚的器官，使她能够维持地球的宜居环境。"

在许多原住民文化的智慧中，我们可以发现所有生命相互依存的道理。正如莫霍克感恩节的祷文所说："我们被赋予了责任，与彼此和一切生物平衡而和谐地生活。"

这项责任的基础是认识到，如果没有相互连接的生态系统，我们就没有生命。然而，我们人类的生活就像是在与自然的其他部分进行战斗一样。从1970年到2016年，全球野生动物的数量经历了灾难性的下降，哺乳动物、鸟类、鱼类、两栖动物和爬行动物的数量下降了 68%。联合国在 2019 年发布的一份重要报告警告说，目前有 100 万种动植物物种面临灭绝的威胁。我们根本不知道失去这些物种会带来什么影响。活动家兼作家杜安·艾尔金提出了一个比喻：

> 物种的灭绝就像是从正在飞行中的飞机机翼上拔出铆钉。飞机开始解体前，可以失去多少铆钉呢？就像一架飞机因失去太多铆钉而解体一样，我们的生命之网的完整性受到严重损害而开始分崩离析，在这关键的临界点上，我们的星球能失去多少物种？

"我们需要共同生活。"拉达克村民说。"否则我们都无法生存"，这是现代生物学家为其补充的后半句。为防止物种灭绝，我们需要向世界宣告和平。为了使和平扎根和发展，我们需要积极去和解和建设社区。

在 20 世纪 80 年代中期，乔安娜和约翰·赛德开发了一个团体活动，叫作"万物理事会"，它加强了人类与其他生命形式的情感维系。它邀请我们从人类的身份中抽离出来，代表另一种生命形式发言。人类代表的可以是一种动物、一种植物，也可以是环

境里的一种存在，像水獭、蚂蚁、红杉或山。在万物相聚的理事会上，人类代表这些生命形式报告世界的状况。一方面，我们可以把它看作一场即兴的集体戏剧，我们通过另一方的眼睛看世界，从而建立同理心。另一方面，我们也可以把它看作一个灵性过程，通过一种仪式，邀请我们的意识发生转变，让世界的另一部分通过我们来发声。不管怎样，我们都在丢掉平时的滤镜，开始转换视角，敏感地关注其他生物的需要和权利。

在准备的过程中，我们会花时间让自己被"所代表的生命形式"选择，然后，在静默中，通过制作面具来装扮成所代表的生命形式。当鼓声在指定的开始时间响起时，我们围成一圈，依次聆听每一个生命的发言。

当我们代表另一种生命形式发言时，我们与它的关系也发生了变化。无论我们代表蚂蚁还是冰川，我们用想象力来描述它们的经历。我们由此深刻地理解了人类活动对它们的影响，产生了与它们的苦难相连的感觉，并萌生希望它们安好的愿望。

在石中剑的故事中，梅林派亚瑟王去花时间与各种动物相处，最终亚瑟利用动物们的力量拔出了石中剑。我们也可以像亚瑟一样，去体验所代表的生命形式的力量，那是支持我们的源泉。克里斯在这里描述了一个发生在他身上的事情：

　　我坐在一棵树旁，正在经历一段艰难的时期。我抬起头，认出了那些黑色的花蕾，那是桦树。我曾是桦树，因而有种故友重逢的感觉。一低头，我看到了常春藤。而在另一个万物理事会上，我也曾是常春藤。我感到了这两种植物的支持；我和它们之间有一种关系，那让我感到舒适。在理事会上的这些经历深刻地影响了我和自己所代表的生命形式的关系。它们已经成为我生命中的重要盟友，我也想成为他们的盟友。

　　这是社区的第四个层次。在这个层次中，我们感受到世界对自己的欢迎和支持，感受到自己是更大的团体的一分子，这样的感受让我们在困难时期感到安定和安稳。这种团队的精神还会增强我们与所有生命在精神上的连接。

第八章

更大的时间观

在历史上最大的诈骗案——伯纳德·麦道夫案中，受害者被诈骗的金额超过 200 亿美元。多年来他一直抱有盈利的幻想，通过从投资中抽取资金来向客户支付回报。长远来看，像这样的庞氏骗局注定会崩溃，投资的资源基础会被耗尽，迟早会没有足够的钱来偿还。但是，在这一刻到来之前，在欺诈暴露之前，这看来是一个很好的赌局。

虽然麦道夫的行为是非法的，但掠夺人们赖以生存的资源来赚快钱的做法并不违法。尽管这不可避免地会给未来带来悲剧，可主流经济让这种短期的暴利行为变得有利可图。问题是，成本只有在很短的时间窗口内出现才会被计算在内，海洋渔业的悲剧就是一个典型的例子。

百年来，由于丰富的鳕鱼供给，纽芬兰沿岸的渔业社区蓬勃发展。从 20 世纪 60 年代开始，配备声呐、船载冷藏设备和巨大渔网的大型船只的使用使得捕捞量大幅增加。这一成本在当时并未被计算在内，其代价是西北大西洋鳕鱼种群几近灭绝（见图 12，显示了纽芬兰东海岸 150 多年来的鳕鱼年捕获量）。同样的工业规模化捕鱼模式也导致了世界各地鱼类资源的濒临崩溃。曾经很常见的物种，如大西洋蓝鳍金枪鱼和鳐鱼现在也正面临灭绝的威胁。如果目前的趋势持续下去，科学家预计，到 21 世纪中叶，商业性海上捕鱼可能会终结。

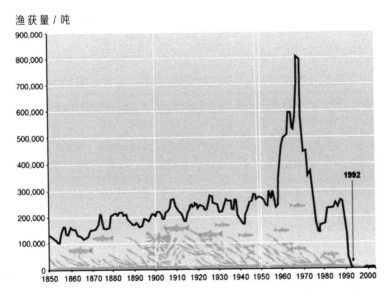

图 12　渔业的增长随之而来的是过度捕捞和崩溃

来源：千年生态系统评估。

美国联邦储备委员会前主席格林斯潘将忽视未来成本的短期思维描述为"抑价风险"，并称其为引发 2008 年金融危机的根本原因。他的观点是，对长期风险视而不见是人性的特征，因此，我们注定会重蹈覆辙。然而，这究竟是人性使然，还是一种特定的感知时间的方式所带来的结果？不幸的是，这种方式已经成为工业世界的主流。

易洛魁族在开会讨论重大决策时，他们的做法是问："这会对第七代产生什么影响？"本章描述了如何让我们也能在更大的时间范畴中生活。我们将探索"深度时间"的概念，并且研究它如何能不仅促进更大的生态智能产生，还能开辟力量、灵感和支持的新来源。

家庭的时间观

当牛津大学的新学院于 1379 年成立时，巨大的橡木被用来支撑大礼堂的屋顶。为了给屋顶的修缮提供替代木材，学院的森林管理员在学院的土地上种植了一片橡树林。橡木横梁宽 0.6 米，长 13.7 米，这些树要长到这样的尺寸需要几百年。森林管理员是在几个世纪的时间框架内进行前瞻性思考的。

建造英国的约克郡明斯特大教堂花了两百多年的时间，建造柬埔寨吴哥窟的寺庙建筑群更是用了四个多世纪。巨石阵的新石器时代建筑中的每一块重达 4 吨的石头都是从 240 英里外运来的，据推测，它花费了 1,500 年才建造完成。这类项目的工匠、建筑师和规划者必须接受这样一个事实：他们所做的工作不会在他们的有生之年，甚至在他们的孩子的有生之年完成。

我们再来看家庭，许多人看待家庭的方式也体现了拓展的时间观。家族可以追溯到过去，在世界各地，血统、祖先和家谱都很重要。回溯家的根源，在历史上的任何一个时刻，我们都会看到一个熟悉的谱系结构，包括父母、兄弟姐妹、祖父母、叔叔阿姨、堂／表兄弟姐妹、孩子和孙子孙女等。随着时间的推移，一个个人物出现，扮演他们的角色，在一生中转换不同的角色，然后死去。与此同时，更大的家庭系统依然存续。

当我们把自己视为这样一个家庭系统的一部分时，我们就将自己定位在一个跨越世纪的故事中。在每一个历史时期，照顾下一代都是持久的动机，因为大的家庭系统是通过其成员的传承来延续自己的生命的。哈米什是两个孩子的父亲，他描述了自己对家庭时间观的体验：

我是这样一个家的一部分，

它有近 2 米高，

几米宽，

几百年的历史。

当然，家也是向未来延伸的。除了我们的根，还有嫩芽在生长，新枝也会从中萌发。如果将自己视为家的一部分是我们身份的一个重要方面，那么我们希望我们的家能延续多久呢？如果下一代对我们很重要，他们因生命的延续而存在，那么他们的孩子和他们的孩子的孩子呢？是否有那么一个时间点，我们画一条线，说"过了这条线，后面就不算数了"？

这个问题听起来可能很荒谬，但不幸的是，企业和政府在决策过程中画出的线与此极其相似。他们会确定一个时间范围，超过这个时间范围的后果将不再被计算甚至不予考虑。大部分政府的规划都是只涉及短短几年的时间框架；当做长远规划时，时间范围也很少被拉长到几十年。在大型金融机构，上午和下午的价差可能就会导致盈利或亏损，未来几个月都太遥远了，不值得考虑。这种极端的短期思维是近期才出现的现象，而它与我们体验到时间加速有关。

时间在加速

在农业社会中，一年的节奏是以季来计算的。在钟表出现之前，太阳在空中移动，形成了天的概念。与过去的自然时间计量相比，现代科技的时间计量是以微秒为单位进行测量的。生活以一种史无前例的方式变成了竞赛。

紧迫感是由经济体系刺激而生的，因为这个经济体系设定目标，并以增长速度来衡量成功。一个经济体要想实现连年增长，就需要在同样的时间内完成更多。如果我们希望每年都有所增长，那么我们的活动速度就必须不断加快。

计算机技术使人们能够衡量公司的增长速度，并可以将大量的公司加以比较。这加快了买卖公司股票的进程。1998年，股票平均持有期为两年。随着使用软件控制的自动化交易的增加，现在股票的持有期可能只有几天、几个星期或几个月了。大部分的交易是由投资基金操作的。因为基金经理的奖金与他们的基金增长幅度有关，所以他们越来越多地利用股东的影响力来实现最大限度的短期回报。公司通过裁员、依赖临时工或廉价的海外劳动力以及忽视维护来降低成本。需要不断提高回报的持续压力让员工觉得非常有紧迫感。一家世界领先的私募基金公司的管理合伙

人为这种方式辩解道：

> 与我们沟通过的许多上市公司在法规事务、社会责任和企业管理方面花了太多时间……它们忘了它们的首要目标是尽可能快速地发展公司。

速度的代价

速度的体验是快乐的，从山上疾驰而下是刺激的，即时获取信息是轻松的，快速完成任务是喜悦的。当我们要完成很多任务来解决地球危机时，速度是必要的。然而，因速度带来的真正的好处而选择快速行动，与因为习惯和被要求驱使而陷入匆忙模式，这两者间有着天壤之别。速度的价值观深深根植于我们的社会中，大多数人最终都会感到没完没了的忙碌和时间永远不够。

长期的匆忙会付出沉重的代价。与时间赛跑会影响我们的身体，让我们释放肾上腺素，肌肉绷紧，心跳加速。短暂的压力会带来好处，但长期的压力会使我们疲惫不堪，增加患心脏病、感染、抑郁和其他很多疾病的风险。在很多情况下，我们的关系也会受到影响。婚姻和家庭破裂的一个常见因素是缺乏交流的时间。

从长远来看，冲刺是不可持续的，而倦怠会降低效率。遇到问题往往会为人们敲响警钟，提醒人们高速生活的危害。如果能从中吸取教训，危机也可能成为一个转折点。正如我们将看到的，复苏的关键是要有更大的时间观。

当我们被众多的短期结果和目标淹没时，我们就缺乏足够的时间和空间去思考未来。忙碌感将我们的视野缩小到眼前，过去变得无关紧要，未来也变得抽象。如此狭窄的时间跨度导致了以下五个问题：

■　短期收益重于长期成本。

■　我们看不到灾难降临。

■　短期时间跨度是自我强化的。

■　我们把问题留给未来。

■　短期的时间框架削弱了我们生活的意义和目的

让我们依次来审视每一个问题。

短期收益重于长期成本

短期收益重于长期成本的典型例子是成瘾行为。烟、酒或可卡因的诱惑在于它们能快速起效。如果一种行为的负面影响超出了我们所关注的时间范围才会发生，它就无法阻止我们了。不诚实也是同样的情况，它似乎是摆脱困境的一条捷径，但却对人际关系和决策有害，且这种危害有延迟效应。不可持续性问题源于类似的短期时间跨度问题。渔业的例子清楚地表明，在一个资源有限的世界里追求持续增长是灾难的根源。

我们看不到灾难降临

当我们飞速前行但只能看到未来很近的一段时间时，灾难可能会悄然而至。泰坦尼克号的故事是个惨痛的教训。在船沉没的前几天，船长通过无线电收到了关于冰山的警告。他稍微改变了航向，但没有放慢速度。事故发生的那天晚上，另外两艘船用无线电发出了冰山警告，但无线电操作员被积压的个人信息淹没，没有做出预警。"闭嘴，闭嘴，我很忙！"在晚上11点，附近被冰包围的船只呼叫他时，这是他的回应。40分钟后，瞭望员发现正前方有一座巨大的冰山。这时，这艘巨轮正接近全速行驶，根本没有时间改变航向。37秒后，船撞上了冰山，遭遇了致命的一击。

评估风险时，总是存在不确定性，但有些问题是可以预见的，它们就像我们这个工业社会正在迎头撞上的冰山。当我们将它们看作未来很遥远的问题时，我们就会认为它们不紧急而将其抛在一边。众所周知，持续消耗大量的化石燃料正在危险地破坏气候稳定，但任何减缓石油依赖型经济发展的尝试都会遇到很大的阻力。如果地球上的每个人都像普通的西方人这样生活，我们将需要另外 3~5 个等同于地球的星球的资源，然而，这种消费型生活方式仍在全球范围内被大力推广。如果我们闭上眼睛随波逐流，只会继续**一切照旧**的模式。

短期时间跨度是自我强化的

生活在一个狭窄的时间范围内是自我强化的，类似于广场恐惧症。当展望未来带来绝望和内疚时，退回到熟悉的时间跨度舒适区可以带来短期的解脱。然而，它也削弱了我们为世界采取行动的动力，增加了我们的罪恶感。走出这个陷阱的方法是认识到内疚的重要功能，并把它视为我们为世界感受到的痛苦的一种表达。内疚是当我们意识到自己的行为与价值观不合拍时产生的一种不适感。如果我们不为自己给后代带来的伤害感到内疚，我们就处于将后代拉进麦道夫骗局的危险中。我们受委托保护的美丽世界将消耗殆尽。

我们把问题留给未来

我们的工业化经济是建立在成本外部化的基础上的，这使得商品和服务对现在的人们来说更加廉价，但留下了由我们产生却尚未偿还的债务。一个常见的例子是公司减少了其安全性和维护预算，这增加了发生意外事故的风险，但因风险指的是尚未发生的事件，所以它们不会出现在资产负债表上。这些被视为未来成本。

1989 年埃克森·瓦尔迪兹号油轮触礁时，泄漏的原油污染了阿拉斯加 1,000 多英里的海岸线。当时船上的雷达早已被关闭，因为它已经坏了一年，还未得到维修。在事故发生的 10 个月前，石油公司的高管在亚利桑那州的一次高层会议上就被警告说安全设备不足，可高管们选择省钱而不是解决问题。21 年后，400多万桶石油从英国石油公司的马孔多油井流入墨西哥湾。调查这场灾难的总统委员会发现了类似的削减安全成本的模式。报告称"英国石油公司（BP）、哈里伯顿公司和瑞士越洋钻探公司所做的许多决定增加了马孔多油井爆裂的风险，但很明显这为公司节省了大量的时间（和金钱）"。

化石燃料以及许多我们用它们制作的东西都人为地降低了价

格，因为我们不计算转嫁给后代的成本。气候变化是另一个例子。随着全球变暖，格陵兰岛和南极洲西部的冰原已经开始融化。这些冰层储存的水可以使海平面上升 12 米，这将导致世界 2/3 的主要城市发生洪水灾害。虽然这种情况可能会在很久以后才发生，但新奥尔良在卡特里娜飓风袭击下被淹没的画面，以及纽约在飓风桑迪和艾达过后发生的洪灾，让我们得以一窥什么正在发生。

我们对子孙后代犯下的最大罪行之一是产生核废料。通过对基因库的诱变影响，它的危害是永久性的。因为放射物质是看不见的，后代很难知道危险在哪里，所以也无从保护自己。俄罗斯车里雅宾斯克省卡拉恰伊湖的湖岸看起来并不危险，但它曾遭受过严重的污染，只要在那里站一个小时，就会受到致命剂量的辐射。在 20 世纪 50 年代初，湖水是马雅克核电站的废物储存器。1957 年，湖附近的一个储存设施爆炸，克什特姆灾难就此发生了。这是一个长期的秘密，是世界上最严重的核事故之一。一个地下储存罐的冷却系统发生故障，导致了一次爆炸，爆炸掀翻了 160 吨重的混凝土盖子，使 70 吨的高放射性核裂变物质进入大气中。一团尘埃云将放射性同位素扩散，辐射了 9,000 平方英里的土地，污染了 27 万苏联人及他们的食品供应链。

自 20 世纪 50 年代以来，世界已经发生了 100 多起严重的核事故。三里岛、切尔诺贝利和福岛是其中最著名的，但除此之外另有 20 多起事故导致多人死亡，损失超过 1 亿美元。每年，全世界的核反应堆都会产生 1.2 万吨高放射性废料。这些废料所含的同位素包括碘 129（半衰期超过 1,500 万年）、钚 239（半衰期为 2.4 万年，但会衰变为铀 235，半衰期为 7 亿年）和镎 237（半衰期超过 200 万年）。我们没有安全处置核废料的长期解决方案，我们不知道如何制造能够承受放射性物质脆化影响的容器。许多毒性巨大的废料被保存在钢铁和混凝土罐中，这种罐被设计为寿命最多 100 年。我们对在这之后要怎么办还没有一个明确的计划。这是一个问题，也是一种代价，而我们正在把问题留给未来。正如建立在地震断层线上的日本福岛核电站的悲惨命运所揭示的，我们正在制造等待其发生的灾难，这些灾难会带来永久的伤害。

短期的时间框架削弱了我们生活的意义和目的

在**一切照旧**的故事里，未来的 100 万年，甚至 1,000 年，都完全不在我们的视野里。当我们面临时间压力时，10 年都看似遥不可及。从一件事奔往另一件事，我们看不清要去哪里。当生活被急迫的需要所支配时，我们无暇寻找方向或决定什么才是至关重要的。我们整日忙碌，但不知心之所向。这种忙碌使我们远离了对我们最重要的事。

只思考眼前的事，也严重地限制了我们对自己能取得什么成就的认识。发展一个鼓舞人心又富有成效的项目需要时间。如果我们不能在 6 个月或一年内看到成果，就很容易产生怀疑，问自己"这有什么意义？"。想象一下，如果在种植一棵幼小的椰枣树或橄榄树时，我们也用同样的思维，会发生什么？这些树可能需要几十年才能结出果实，但一旦长成，它们就会持续一个多世纪。当我们超越个人会取得什么成就的想法，考虑如果我们的行动与他人的行动结合起来能够带来什么，我们就开启了一个更加引人入胜的故事。

时间旅行

1988 年，乔安娜邀请了十几位朋友和她一起加入了一个研究放射性废料的行动小组。在过去的几年里，她曾问过科学家、工程师和活动家，一旦核设施和核材料不再使用，他们将如何处理它们。当她参观新墨西哥州一个很深的地下储存库的施工现场时，经理自豪地告诉她，高科技的屏障和标识可以阻止入侵者 100

年。"然后呢？"乔安娜问道。他看起来很困惑，就像其他许多人一样，更大的时间跨度超出了他的参考范围。因此她邀请了十几位朋友。她想创造一个空间，在更大的时间视角下探索人类的责任。

这个小组的成员轮流研究和呈现课题。11月的一天，轮到乔安娜了，她收集到关于美国核废料遏制措施的信息，这些信息既有很高的技术性又令人震惊。为了保持关注和调动积极性，她需要一些帮助，而它们来自一个不同寻常的方向。

乔安娜在门上挂起了一块牌子，上面写着"切尔诺贝利时间实验室：2088"。当人们进来时，一段俄罗斯礼拜仪式的音乐响起，定下了基调。当他们开始第一次集体穿越时空的旅行体验时，她说：

> 欢迎光临！我们在这个守护站点的时间实验室工作的一个很重要的基础是，它能够让我们穿越时间回到过去。因为20世纪末人们所做的关于如何处理毒火（或者他们当时所说的放射性物质）的决定具有如此长期的影响。我们必须帮助他们做出正确的决定。所以你们被选中，要回到加州伯克利的一个特别小组，这个小组引起了我们的注意。他们正好要在100年前的今天开会，试图用他们有限的心智去理解他们

的"专家"是如何控制毒火的。而这群人很容易感到无知和气馁，因此，在他们继续学习的过程中，我们会进入他们的体内，以免他们灰心丧气。

我们的研究表明，在时间旅行中，一个根本因素是意图——对内心所选择的使命怀有强烈而坚定的信念。如果我们的意图明确，我们可以回到一个世纪前，进入这个特别小组成员的内心和头脑中，而这大约只需 30 秒。

乔安娜把音乐的音量调大了有半分钟，然后把它关掉，简单地介绍当天的主题。在这个过程中，没有人评论它奇怪的开头，每个人都专注于素材本身。但是房间里有一种高度关怀的意识，似乎每个人都感受到来自内在的鼓励和支持。通过打开小组的想象空间，想象未来的人们可以帮助我们面对当下所处的困境，她帮助小组发现了一个额外的、备受欢迎的灵感来源。

音乐经常被用来激发和陪伴想象中的时间旅行，这个旅程成为"重建连接"工作坊的一个常规特色，它提供丰富而有益的机会来拓宽我们惯常思考的时间范围，并获得来自过去和未来的支持。

作为盟友的祖先

生活在其他时空的人能够帮助我们，这样的想法对许多人来说并不奇怪。在日本和韩国，祭拜祖先是很常见的，从祖先那里寻求指导的做法是许多原住民传统的一部分。正如西非的萨满兼作家马利多马·索美所写的：

> 在许多非西方文化中，祖先与现实世界有着密切而绝对重要的联系。他们总是可以指导、教育和培养我们。

祖先对我们的关注是父母对自己的孩子和孙辈关爱的自然延伸。当我们挣扎或感到孤独时，我们可以向祖先的支持敞开心扉，获取道义的力量。正如运动员在观众的欢呼声中可能会有更好的表现，我们可以想象，一群祖先为我们所做的一切而欢呼，以确保生命延续下去。

如果祖先的角色是关照那些后来人，那么我们也同样扮演着这个角色。那些生活在未来的人会视我们为祖先，将未来的生命视为我们的亲人会拉近我们与他们的距离。在**一切照旧**的短暂时间范畴中，他们是一群被遗忘的人，他们的利益从我们的视野中消失。当认识到我们是他们的祖先时，我们的关爱之情和责任感就会油然而生。

与祖先和后代的连接将我们从**一切照旧**的微观情节中解放出来，使我们置身于一个更真实、更广阔的故事中。在生命如史诗般的旅程中，我们的每一位祖先都活得足够长，足以传递生命的火花。这种时间跨度甚至超越了人类的历史。随着我们的身份向生态自我转变，我们发现，有记录的整个历史跨度只是更宏大长卷中的一页的一小部分。

我们作为地球生命的旅程

我们属于一个 45 亿岁的星球，为了更容易理解相对的时间周期，让我们把地球的整个历史看作从午夜开始的一天 24 小时。地球时间的这一天，每一分钟都标志着 300 多万年的流逝（见图 13）。

起初，这颗行星热得像一座正在喷发的火山。它是由围绕太阳运行的物质在引力的共同作用下形成的，它不断地被陨石砸中。午夜后不久，一块小行星大小的物质与地球相撞，撞击导致物质被抛射到太空形成月亮。接近凌晨两点，地球表面冷却到足以使大气中的蒸汽凝结形成降雨。随着雨水不断降落，海洋就形成了。

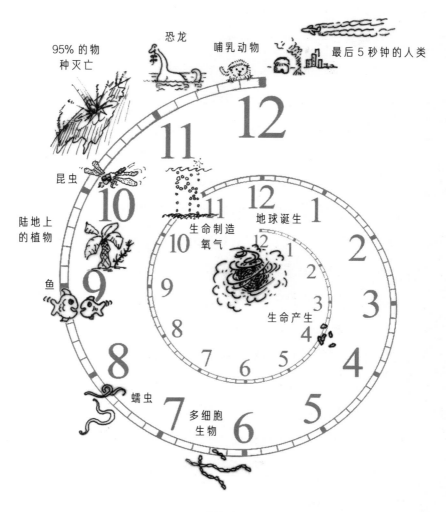

图 13　以一天 24 小时来代表 45 亿年的地球历史：每小时代表 1.875 亿年，每分钟代表 312.5 万年

凌晨 3 点到 4 点之间，在温暖的浅水处，第一批生命形式出现了。当时的大气中只有微量的氧气，没有臭氧层来提供防护，使生命免于紫外线的辐射。紫外线的辐射太强，无法让生命在陆地上生长。直到早上 10 点半，光合作用才形成，从那时起，早期的绿色生命形式开始将氧气作为废物排出。

所有生命形式都是单细胞的，并在地球时间白天剩余的时间里一直保持单细胞的状态。第一批更复杂的多细胞生物直到晚上 6 点半才进化出来；到晚上 8 点，蠕虫出现在浅海底部；1 小时 20 分钟后，第一条鱼出现了；到晚上 9 点 45 分，植物生命在陆地上形成；10 点刚过，两栖动物和昆虫相继出现了。

晚上 10 点 40 分，在被称为所有大灭绝事件之母的灾难发生了。火山爆发、小行星撞击和其他灾难的结合摧毁了地球上 95% 的生命，但这为恐龙后来成为陆地上占主导地位的脊椎动物留下了很大的空间。恐龙时代一直持续到午夜前 20 分钟，一块 6 英里宽的陨石撞击地球，造成了尘埃云，阻挡了大量的阳光，植物的锐减导致许多大型动物死亡。在过去一小时里一直默默无闻的哺乳动物，填补了陆地上曾占主导地位的脊椎动物的空缺。10 分钟后，一些哺乳动物回到海洋，慢慢地进化成鲸鱼和海豚。

午夜前 2 分钟，非洲的一只小猿成为人类和黑猩猩的共同祖先。午夜前 20 秒，类人猿发现了火的用途。我们人类这个物种的整个历史，从早期的非洲源头开始，都发生在午夜前的最后 5 秒钟里。

在**一切照旧**的故事里，人们常说"本性难移"。但是当我们看到令人惊叹的地球历史时，"我们永远不会改变"的想法好像很荒谬。我们是最非凡的演变的一部分，下一步将会走向何方？

我们作为一个物种的旅程

为了更清楚地了解我们已经到达人类历史的临界点，我们可以把地球一天 24 小时中的最后 5 秒当成 24 小时计算（见图 14）。我们从地球时间转移到人类时间，在人类时间中，我们用一天 24 小时来代表全部的人类历史。

虽然在 100 万年前，就有了使用石器和火的类人猿的亲戚，但是我们人类——智人，大概只有 25 万年的历史。如果我们把过去的 24 万年当成一天 24 小时，仍从午夜开始，一小时代表一万年，那么，我们在晚上 6 点才离开非洲。在我们人类的历史中，有 95% 的时间，我们是以狩猎采集者的身份生活在一个小群体中（就像如今一些原住民仍然保持的生活方式那样），直到晚上 10 点

50 分才进入农耕时代。几分钟后，第一个有记载的城市——耶利哥出现了。

到了晚上 11 点 20 分，我们发现了轮子，并开始形成早期的书写形式。到 11 点半，巨石阵的工程启动，第一批城邦正在埃及、中国、秘鲁、伊朗、印度河谷和爱琴海兴起。到了晚上 11 点 45 分，佛陀和孔子都还活着，几分钟后耶稣降临，又过了几分钟，穆罕默德降生。

午夜前 5 分钟，风车开始使用，两分钟后，克里斯托弗·哥伦布到达了北美。在这代表人类历史的一整天中，工业时代直到午夜前两分钟才开始。在最后 1 分钟，世界人口从 10 亿上升到 70 亿。在最后 20 秒（自 1950 年以来），我们消耗的资源和能源比这之前人类历史上消耗的总量还要多。

在人类历史这一天的最后 20 秒里，我们不仅看到了人口大爆炸，还看到了我们对能源和资源的贪婪需求。在工业化经济**一切照旧**的文化中，与非工业社会相比，我们消耗了 32 倍的资源，产生了 32 倍的废料。但我们习以为常，并没有看到这对地球造成了多大的伤害。因为我们的文化使得我们并没有关注它的走向，我们就像泰坦尼克号一样，快速前进，走向崩溃。

最后 1 分钟：人口增加了 6 倍
最后 20 秒：消耗的资源和能源比
这之前人类历史上消耗的总量还要多

工业革命

发明轮子

农业革命

作为狩猎采集者
的小群体生活

人类生命开始

从非洲迁移

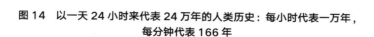

图 14　以一天 24 小时来代表 24 万年的人类历史：每小时代表一万年，
每分钟代表 166 年

学会重塑时间

拓宽我们的时间跨度的一个好处是，开启一切皆有可能的感知。如果陆生哺乳动物能够返回海洋并进化成海豚，那么就不难设想现代人类能够回到一种与土地相连的状态，并进化成一种更智慧的生命形式了。

我们人类的发展是由那些提升我们能力的发明来标记和驱动的，如语言、文字、工具、农业、轮子，以及现在的通信技术，这种技术使我们能够与生活在千里之外未曾谋面的人们合作。而引领生态时代的发现或再发现，会提升我们重塑时间的能力吗？

生态智能涉及从**深度时间**的角度进行思考，即包括我们整个故事的时间背景。我们必须这样做，因为由于技术的发展，我们造成的后果可能会延续数百万年，甚至数十亿年。以在伊拉克和阿富汗使用的数千吨废弃的铀武器为例，它留下的致癌气溶胶的半衰期为 45 亿年，这与地球的年龄一样长。

学会在更大的时间范围内生活，会为我们带来新的盟友，为我们打开力量的源泉。我们的祖先可以是我们的盟友，而我们自己作为我们后代的祖先，也可以与他们结盟。也许这些后代有话要对我们说。

许多在今天被我们认为是理所当然的进步，在发明之前被认为是不可能的。而今天我们认为不可能发生的事也许在未来会有所发展。比如，子孙后代能否发明一种与我们交流的方式？如果可以的话，他们会怎么说？也许只有我们也竭尽全力地向未来延展，与他们相遇，他们才能做到这一点。我们可以通过自己的想象力来完成。我们不知道也不需要知道以这样的方式交流是真实的还是想象的，但这些方法仍然可以提供有用的指导。下面是我们经常在工作坊中使用的一个练习，它时常给我们带来丰盛的收获。

试一试：来自第七代的信

这个练习的目的是帮助我们发现未来人类的看法。我们可以将他们想象成我们的"第七代后人"，也就是说，那些活在200多年后的人，从他们的角度看我们的努力，并接受他们的建议，从他们那里获得勇气。

闭上你的眼睛，想象你在时间的旅途中穿越到了未来，与一个生活在200年后的人类相遇。你不需要知道这个人的处境，只是想象他在那里回望你。想象这个人有话要对你说，你则敞开心扉去倾听。现在开始把这些话写在纸上，就像这个来自未来的人正在给你写一封信，开头是：亲爱的 [你的名字]……

通过让未来的人发声，以一种有助于我们被他们的观点引导的方式，与他们拉近距离。我们也倾听自己的回答，这也会帮助我们进入更大的时间观。下一个练习是回答未来的人提出的问题。

试一试：给未来的信

想象一下，21 世纪发生的**大转折**让人类的生命得以延续，未来的人想要知道我们这个时代发生了什么。现在就回复来自未来的人提出的三个问题：

1. 祖先，我听到关于你们生活的那个时代的故事：持续在发生战争和准备发动战争；有些人富得离谱，而大量的人在忍饥挨饿或者无家可归；海洋、土壤和空气中有毒，许多物种正在消亡。我们至今仍然在遭受这一切的影响。对于这些，你知道多少？置身于其中，你又是如何生活的？

2. 祖先，我们有一些歌曲和故事，讲述了你和你的朋友们在**大转折**时期所做的一切。但这些没有告诉我们你是如何开始的。你一定会感到孤独和困惑吧，特别是在刚开始的时候。你最初采取的步骤是什么？

3. 祖先，我知道你从未停止过代表地球生命采取那些最初的行动，尽管遇到了众多的障碍和挫折，你是从哪里找到继续努力的力量的？

　　我们可以将深度时间观带入我们的日常生活中，即使在洗碗、付账单、开会时也可以不时地让自己意识到，我们的祖先和未来的众生就像见证者一样环绕在我们身边。我们可以记住我们这个星球更宏大的故事，让它为最普通的行为赋予意义和目的。我们每个人都是这个故事的内在组成部分，就像一个更大的有机体中的细胞一样。在这个故事中，我们每个人都有自己的角色要扮演。当我们进入螺旋的第四站——"向前迈进"时，我们开始聚焦于这个角色。

第三部分

向前迈进

第九章

激励人心的愿景

　　1963年8月28日，马丁·路德·金发表了有史以来最著名的演讲之一。半个多世纪过去了，"我有一个梦想……"这句话仍然与演讲中提到的愿景紧密相连。金描述了这样一个未来世界，在那里黑人和白人的孩子们像兄弟姐妹一样携手共处，他自己的孩子是以他们的"品格"而不是肤色被评判。他在探寻一个可以抵达的目的地，一个可以被创造的现实。在20世纪60年代，非裔美国人有一天能成为美国总统的想法会被认为是"痴人说梦"。虽然"黑命贵"运动提醒我们，创造这样的世界还有很长的路要走，但请看到这种梦想已经产生了非凡的影响。

　　人生旅程中，对未来怀有梦想和憧憬至关重要，它是我们前行的指引。正如罗马哲学家塞内卡曾经说过："如果一艘船不知要驶往哪个港口，那任何风都不会是顺风。"此外，一个能激励和鼓舞自己的目的地，会让这个旅程充满活力，让我们坚定克服障碍的决心，扬帆起航。有能力"捕捉"激励人心的愿景是保持行动力的关键。当我们受一个共同的愿景感召时，我们就成为一个具有共同目标的社群的一部分。

灵感通常被认为是在某个幸运时刻的灵光乍现，它会稍纵即逝，或者是极少数"有远见的人"具有的一种罕见的天赋。在本章中，我们将探讨如何使用可学习的方式来培养远见和灵感。这里讨论的洞察和实践可以让人更加具有远见和灵感，并为我们迈上**大转折**的探险旅程而赋能。

我们的想象力如何被关闭了

从很小的时候起，我们就在一个重视事实而不是想象力的世界观中接受教育。当一个人的想法被认为不切实际时，他常常被贴上贬义的"空想家"的标签。在课堂上做白日梦甚至可能会受到惩罚。要发展远见的能力，我们首先要来了解一下它是如何变得不受重视的。贵格会未来主义者伊莉斯·博尔丁指出："好几代的孩子们从小就被剥夺了做白日梦的能力。我们的文化素养仅限于数字和文字，而没有图像。"

经过几十年对大脑工作方式的研究，我们开始认识到大脑的两个半球以不同的方式工作。左脑使用语言和理性逻辑思考，右脑则用图像和模式思考，帮助人们整合复杂信息并感知事物的更大形态。我们的教育系统几乎只关注文字和数字，这就好像我们被教育只使用半个大脑一样。发展远见能力的第一步，就是要认识到它是一种有价值且可以被习得的智力形式。

要认识到远见的重要性，首先请思考一下有多少当前的现实状况是从一个梦想开始的。曾几何时，美国大部分地区都是英国的殖民地；妇女没有选举权；奴隶贸易是经济的重要组成部分。要改变些什么，我们首先需要在我们的头脑和内心中坚信任何事物都可能发生改变的这种可能性。斯蒂芬·科维在他的畅销书《高效能人士的七个习惯》中写道：

> "以终为始"建立在"所有事物都是两次创造而成"的原则上。第一次是头脑中的创造，第二次是行动中的创造。

想象未来的可能性是培养远见能力的必经之路。如果只对"事实"感兴趣，我们的视野就被局限在已经发生的事情上，这有点像开车时只看后视镜。为了避免撞车，我们需要看清楚我们想要到达的目的地。因为无法确定到底会发生什么，我们就要结合现有经验、对趋势的认知以及运用想象力来综合考虑不同的可能性。我们擅长依据经验处理熟悉的状况，但在应对新挑战时，唯有想象力才能让我们有创造性地面对和处理。

解放我们的想象力

激发创造性思维有一个设计原则是"先想做什么，再想怎么做"，也就是首先要确定希望发生的事，然后再决定怎么去实现。如果有些选项仅仅因为我们无法立即看到可行性，就把它们排除在外，那么我们就排除了很多令人兴奋且能够激发更多灵感的可能性。我们需要重点区分创意阶段和修改阶段，前者是产生想法和可能性的阶段，后者则是我们评估并做选择的阶段。在创意阶段不做任何修订，可以释放人的创造力。

在创意阶段，我们的目的是捕捉到富有吸引力且能够深深地打动自己的愿景。我们对它的渴望会激励自己渡过困难时期。当我们的愿望超出自己的能力范围时，我们可能会听到内心有一个声音说："根本不用想，这不可能实现。"而要坚持下去，我们就要制止这种把意愿扼杀在摇篮里的内在声音。在这里，认清静态思维和过程思维的区别会很有帮助。

　　静态思维假设现实一成不变，是固定且抗拒改变的。当人们说"问题在于人的本性，它永远不会改变"或"你改变不了系统"时，他们就是在用静态思维。对他们来说，现实情况就像挂在墙上的图画：如果一个新的想法或方式还没出现在图画中，那就是不现实的（见图15）。这种观点限制了我们对可能性的感知。如果看不到任何鼓舞人心的事，我们很容易陷入冷漠和退缩。

事情就是这样。
如果现在没在画里，
那它就不会发生。

图15　静态思维认为现实是固定不变的，并且抗拒改变

　　而**过程思维**更多地把现实看作一种流动，一切事物都在不断地从一种状态流动到另一种状态。每一刻都像电影中的一帧画面，都与前面的画面略有不同。帧与帧之间的细微差别随着时间的推移都会产生更大的变化（见图16）。如果目前还没有出现，并不意味着以后也不会出现。这种方式将现实视为一个不断进化的故事，而不是预先设定好的故事。我们永远无法确定未来会是什么样子，所以更有意义的事是专注于我们的希望，然后尽一份力量使它更有可能发生。这就是"积极希望"的意义所在。

图16　过程思维认为每时每刻都像电影中的一帧画面

帮助我们获得灵感的做法

从前有一位发明家，他每天都会在一间特殊的隔音室里坐上好几个小时。他手里拿着一支铅笔，桌上放着一叠纸，等待着灵感的到来。当有一些想法出现时，他会把它们记录下来，然后继续等待。这里有三种做法，可以帮助人们捕捉灵感。

第一种是创造空间。我们太忙的时候，注意力就被占据，几乎没有空间让任何新事物进入。因此人们经常说，最有灵感的时刻是度假、外出散步或洗澡时。让自己安静下来，即使是做一个白日梦，也会打开一个空间，让灵感源源不断地涌入。这样的暂停可以产生惊人的成效：托马斯·爱迪生的很多发明，都是他躺在工作室的沙发上想出来的；德国化学家弗里德里希·凯库勒有一次做白日梦时，梦见一条蛇在吃它自己的尾巴，他从而发现了苯分子的环状结构。

第二种是将意图和注意力结合在一起。而意图和注意力是所有人都可以自由使用的两种工具。发明家待在隔音室里，让自己做好充分的准备，来接收可能突然出现的创意灵感。他高度警觉，就像一只在老鼠洞旁等待的猫，不想错过任何一个出现的好主意。

第三种是使用笔和纸记录。一个启发性的想法或愿景就像一粒种子，它需要被播种、培育和经常照顾才能得以孕育成长。只有记住它，我们才有可能实现它。我们不一定非要通过写作的方式来记住它，但我们需要回答这个问题："我要怎样在一年后仍然能记住它？"

这三种做法能够帮助我们找到自己的使命，并追随它的召唤。有很多种不同的方式可以创造空间、专注于捕捉灵感、锚定出现的灵感并让我们不会忘记。这里我们将详细地探讨一些方法，也邀请你们花一些时间去尝试，直到找到最适合自己的。这里的核心原则是，我们不必被动地等待灵感；相反，我们可以积极地创造条件让灵感产生。我们也可以通过训练来强化自己接收灵感信号的能力。

既然锚定愿景的最佳方式是付诸行动，并使之成为自己生活的一部分，那么我们需要一种方式，将更大的希望与我们可以采取的具体步骤联系起来。因此，确立愿景包括三个密切相关的阶段：

1. **是什么？** 在一个特定的情境下，你希望发生什么事？

2. **怎么做？** 你怎么看待这件事情接下来的进展？这一阶段会描述实现更大的愿景所需的步骤，以及实现这些步骤可能发生的途径。

3. **我的角色？** 第一阶段确定了想要到达的目的地，第二阶段描绘了到达目的地的过程，第三阶段则确定你在这个故事中的角色，也就是你能做些什么来帮助实现你的愿景。

想象我们希望的未来

贵格会未来主义者埃莉斯·博尔丁在和平运动中观察到，人们一般对自己反对的事物的认知比支持的还要更加清晰，于是她开发了一个名为"想象一个没有武器的世界"的工作坊。工作坊的流程按上述三个阶段设计，并制订了更详细的引导步骤。以下是她对这个过程的描述：

　　这类想象有两个基本组成部分。第一是意向性，我们不仅要允许自己有美好的愿望，还要有积极的意图。我们对未来的意图必须是认真的，所以工作坊的第一项练习是列出愿望清单，写下未来 30 年我们希望世界上发生的事。我们选择 30 年，是因为它足够遥远，可以发生一些事情，也足够近，我们中的许多人都能活到那个时候。每个参与者必须列出自己的清单，清单上的项目就成为他们各自的意图。

　　第二是解锁人们大脑记忆库中储存的全部图像……为使参与者进入这样的幻想模式，第二项练习是进入童年的记忆。参与者被邀请选择一段快乐的童年回忆。我经常回到 9 岁时攀爬院子里的一棵苹果树的情景。在体验这些回忆的场景时，必须运用自己所有的内在感官：看到的颜色、感受到的纹理、闻到的气味、听到的声音、注意到的人们的面部表情……在几分钟的回忆之后，每个参与者转向其旁边的人，描述自己去的地方，然后倾听对方的经历。这样的相互分享有助于让各自的记忆清晰起来。

　　然后用相同的方式想象 30 年后的世界。随着你储存的经验碎片在你的脑海中重组成一种电影胶片，你将会看到一个鲜活而没有武器的世界。

为准备进入我们更喜欢的未来世界，在工作坊的第三个阶段，我们要想象自己站在一个巨大的、厚厚的树篱前，树篱在我们的可视范围内向左右延伸。在树篱的另一端，是我们所希望的 30 年后的世界。在那里，第一个阶段设定的意图已成现实。我们可以随心所欲地穿过树篱，尽情地观察那个世界。我们的任务是做一名观察者，收集可以反馈的信息。

在想象完成之后，我们被邀请与其他人分享自己的经历。我们的观察越具体，对于倾听者来说就越真实。因此，与其用"没有人挨饿"这种泛泛之言，不如我们鼓励参与者用更具体细致的语言来描述我们的所见所闻。

因为每个人只能看到未来的一个片段，所以工作坊的第四个阶段是把人们各自收获的信息拼凑在一起，构建一个更连贯的未来世界。人们如何做决策？教育体系如何运作？这些问题都会在想象的过程中得到线索。博尔丁继续说：

我们绝不是通过这种想象来预言、预测或强行勾勒未来，它对未来的想象并不比我们在祈祷时想象的更多。未来如何形成取决于我们的行动，以及我们作为个人和集体如何回应这些愿景。

工作坊还有另外两部分。确定愿景之后，我们还需要想象如何实现它。站在 30 年后的那个世界，我们回溯刚才设想的变化是如何发生的。一年一年地回顾，每一年都发生了什么？当我们追溯到当下所在的时刻时，我们已经从可能形成的未来的视角构建了 30 年的"历史"。

最后，我们来看自己在这个过程中所扮演的角色。我们生活在不同的领域，我们能够采取什么行动来创造那个我们希望的未来呢？一定有很多事情可以做，其中有一些可能还很突出，那是什么呢？

想象的后见之明

当我们停止告诉自己"这不可能发生"时，一种强大的心理转变就会发生。当我们能够想象一个充满希望的未来时，我们就会坚定自己的信念，相信这样的未来可以实现。我们把自己带入这一愿景，打开所有的感官，想象看到的色彩和形状、人们脸上的表情、听到的声音，以及它的气味、味道和感觉，这会激活我们的创造力、远见和直觉。正如诗人鲁米曾经写道："闭上双眼，用其他的眼睛去看。"

研究表明，当人们面对问题时，通过想象这个问题已经被解决，从这个想象的未来回头看，人们可以更具创造力和更详细地描述潜在的解决方案。活动家和朴门永续文化主义者罗布·霍普金斯在创立"转型运动"时就使用了"想象的后见之明"的方法。他告诉我们："这个想法冒出来时并不是一下子就成形了，它更像一个思考的过程：如果……会发生什么。接着想象一个针对气候变化带来的挑战，朴门永续可以如何应对？这个应对方式是不是可以很容易地在全世界推广？"

"转型运动"就是在这样的想象过程中诞生的，它认为每个社区都可以制订自己的"能源消耗减少计划"。它想象的起点是：如果一个社区不依赖石油和其他矿石燃料的话，会是什么样子？它将如何运作？人们会吃什么食物？它的经济、医疗和教育系统将如何运作？然后，从想象的未来，追溯一条标有关键发展点的路径。这就勾勒出了"能源消耗减少计划"的开始。通过这个计划，社区可以摆脱对石油的依赖。最后，正如博尔丁所描述的模式，人们回到当下，就在此时此地，展望未来并确定如何在转型进程中发挥自己的作用。

"想象的后见之明"可以应用于不同的时间维度。如果我们在接下来的 24 小时内要面临一个挑战，可以想象一天之后它被成功解决，然后从那个时间点回溯，看我们做了什么有助于成功的事。这样，回溯如何应对挑战又会让我们把注意力集中在需要采取的步骤上。

故事大会

通过讲故事来玩这个"想象的后见之明"的游戏，既有趣又有启发性。在演讲的过程中，克里斯有时会带领观众想象一场时间旅行，到达几百年后人们所希望的未来。他邀请人们进入这样的想象：他们正在参加一个历史学家的讲故事聚会，历史学家们被分为两人一组，轮流分享他们所经历的**大转折**的故事。然后每人用几分钟，讲述他们小时候可能听过的关于 21 世纪初的历史故事。那个时期的人类社会似乎走上了集体自杀之路。一开始看起来并不乐观，但一场广泛的觉醒发生了，大批人参与其中，创造了现在这个故事讲述者们所熟悉的生命可持续性社会。在分享完之后，观众们带着对这段神奇之旅更深层的参与感，回到当下。

虽然讲述的都是幻想的故事，但有些内容可能非常接近即将发生的现实。当我们把期待的未来带进内心，它会指引我们并通过我们而行动，帮助我们来实现它。

噩梦也能启发我们

我们一直用"梦"这个词来指代自己希望看到的未来。然而，能够引导我们前行的不仅仅有积极的愿景，还有噩梦。噩梦会警示我们注意危险的状况，召唤我们代表生命做出回应。1978 年秋天，在第一次提供"绝望工作"的团体体验后不久，乔安娜做了一个特别清晰且令人不安的梦。当时，她正在参与一起公民诉讼，诉讼要求停止高放射性废料的错误储存。乔安娜的工作是审查核电站周围的公共卫生统计数据。一天晚上，她睡觉前翻阅了自己三个孩子婴儿时期的照片，想为女儿的高中年鉴找一张快照。那天晚上，她做了一个噩梦：

我看到他们三个就像老照片上的样子。我丈夫和我正和他们一起穿越一片陌生的荒野。地形渐渐变得荒芜，没有树木，到处都是岩石。小佩吉几乎无法爬过路上的巨石。正当这段旅途变得非常艰难甚至惊骇时，我突然意识到，由于一些考虑不周又无法改变的预先安排，我和他们的父亲必须离开他们。我可以看到他们前面的道路阴暗，像火星上一样荒凉，空气中弥漫着一种皮肉烧焦的恶心味道。想到我的孩子们必须独自面对这场苦难，我悲痛得发狂。我亲吻着他们，告诉他们我们还会相见，但不知道会在哪里，也许是另一个星球。他们天真而不知恐惧，试图让我放心。他们准备好了开始出发。站在高处，我目送他们离去，三个小小的身影在那片狂暴的荒原上，手牵着手，跋涉前行，没有驻足回顾。尽管距离越来越远，但我以超现实主义者的精准度看到了他们的血肉溃烂，看到他们的皮肤起泡，皮肉外翻，露出里面的血肉。男孩子们帮助他们的小妹妹越过岩石，他们一起顽强地向前行走。

乔安娜在一篇文章中提到了这一噩梦，提到了她作为母亲，看到孩子们被留在一个荒芜、有毒的世界时感受到的绝望与恐惧。这引起了很多读者的强烈共鸣，许多人通过书写分享了类似的噩梦和对世界的恐惧。

地球之梦

当我们认为自己是一个更大的生命网络中的一部分时，我们不仅可以感觉到地球在我们的内心哭泣，也可以体验到它在我们的内心做梦。在系统思维和生态自我的理论里，这是完全合理的。如果我们把自我看作意识流中的一部分，那么灵感闪现的梦和愿景时刻，就是我们与自己集体身份的深层意识流加强连接的时刻。

我们的梦，那些醒着或睡着时所做的梦，可以连接到更深层次的智慧源泉。这样的智慧存在于很多文化中。在《圣经》里，法老梦到七头瘦母牛吃掉七头肥母牛，约瑟夫将其解读为一个警示：七年的富足期之后将会发生七年饥荒。索内纳库纳吉是秘鲁亚马孙地区的一个原住民部落，那里的人将梦当作他们在日常生活中做出决策的重要指南。在《地球之梦》中，托马斯·贝里写道："梦境体验在个体和群体的精神生活中是如此普遍和重要，某些部落甚至会教授做梦的技巧。"

最简单的方法就是关注我们的梦，把它看作是有意义的。我们可以在记忆犹新时把它记下来。在有些文化中，人们在早晨聚集在一起，分享前一晚的梦境，并分析其可能代表的意义。梦会告诉我们一些事情，但前提是我们要倾听它。

如果我们能够从更大的生态自我中接收到指引信号，那么，与其说是我们捕捉到了激励人心的愿景，不如说是这些激励人心的愿景抓住了我们。在每一种情境下，这些潜在的可能性都在等待着发生。在梦幻的状态中，我们瞥见了这些可能性。当这些幻想的画面出现在我们身上时，它们可以通过我们发挥作用，并在我们的行动中得以实现。同样的愿景可以捕捉到一些人，并使之成为一个拥有共同使命的社群。从这个角度来说，我们并没有发明愿景，我们只是为之服务。

虽然愿景指引信号的概念在灵性和系统领域都适用，但它与工业化世界的极端个人主义世界观相冲突。在个人主义世界观中，思维和智慧属于个人。如果有人想出了一个好主意，这个主意就被视为他的私有财产。当想法的所有权被私有化时，那些可以为世界服务的创新点子就会处于保密状态，直到它们可以被用于牟取个人利益或公司利益。让我们设想一下：如果独立的神经元采用这种方法运作，大脑会发生什么？

思考是在脑细胞之间而不是脑细胞内部进行的，而智力是细胞作为一个更大的整体共同工作时涌现的一种特质。把个体比喻成脑细胞，为我们开启了一种思考智力的全新方式。我们在第六章中谈到的"共同智慧"，被联合情报研究所定义为"代表整体来获取的整体智慧"。如果我们把自己视为地球生命体的一部分，我们是否可以为了所有生命的利益来获取世界的智慧？

当我们分享自己收获的振奋人心的想法和愿景，并且保持开放来倾听别人的想法和愿景时，共同智慧就产生了。这样愿景就会以惊人的速度在一个文化中流行和传播。

试一试：分享灵感

下面的开放句可以作为团队讨论的提示语、与一小群朋友交谈时的开场白、个人日记的开头以及写给朋友的信中包含的内容：

· 现在给我灵感的是……

渐进式头脑风暴形成共同智慧

乔安娜在工作坊中做过渐进式头脑风暴，那是一个呈现共同智慧如何形成的很好的例子。在这个过程中，运用集体的创造力，一个更大的总体目标被分解成具体的行动步骤。第一个阶段是确定目标。每人花几分钟畅想自己希望的生命可持续性社会的样子，然后把这些内容列在一张大纸上。下面是一个例子。

第一阶段：我们对生命可持续性社会的愿景

- 清洁的空气；

- 人们的基本需求得到了满足，如食物、住所、水等；

- 再生能源；

- 处理冲突的建设性进程；

- 自愿简化的生活方式。

在下一个阶段，小组选择其中一项，提出这样的问题："这一点需要什么来实现？"然后进行头脑风暴。头脑风暴的目的是激发创造性思维，因此它遵循三条规则：第一，不审查、不解释、不证明自己的想法；第二，不评估或批评他人的想法；第三，把讨论留到后面的阶段。这个过程是在创造多种想法，而不是修正它们。

一旦形成了一个列表，小组再继续选择其中一个选项，重复进行头脑风暴，再次探索相同的问题："这一点需要什么来实现？"每重复一次，我们就离答案更近一些，我们就会觉得自己的影响力在一步步加强，也就更容易去采取行动。

第二阶段：要使空气清洁，我们需要做什么？

■ 没有焚烧炉；

■ 在烟囱上安装净化器；

■ 增加可再生能源的投资；

■ 在短途旅行中，用步行或骑行代替汽车；

■ 转向使用电动汽车。

同样的头脑风暴过程可以用于每一个新行动。这样做的目的是列出所有参会者都可以采取的实际步骤。在这一过程热火朝天地进行时，你可以从每个成员身上都感受到整个团队在思考和运筹帷幄。

第三阶段：用步行或骑行代替汽车，我们需要做什么？

■ 开设自行车修理课程；

■ 举办社区徒步活动；

■ 提高燃油的定价；

■ 提供更多的公共交通；

■ 提供自行车送货服务。

选择新行动和头脑风暴的过程一直持续到团队能够找到一个非常具体和具有吸引力的想法。这个想法可以通过角色扮演这样戏剧化的方式呈现出来。

选择与被选择

我们选择任何主题，都会产生一系列让自己可以发挥作用的行动。那么面对如此多的选项，我们如何做决策呢？我们所面临的挑战是，听到那个向我们发出最强烈召唤的愿景。识别出这个愿景并更好地追寻它，我们需要精准校正自己的关注点，以免分散自己的能量。如同幼苗需要修剪，我们需要选择自己支持的愿景，然后清理它们的周围，让它们有足够的空间发展和茁壮成长。

有时我们会产生强烈的直觉，它在驱动我们采取一系列自己知晓正确的行动。即使身处逆境，我们在内心深处也会感受到这些强大的召唤，它吸引我们去做出回应。

在共同智慧的模式中，我们从来都不是孤军奋战。一个更大的故事正在发生，我们恰好做出了选择，或者被选择，在其中扮演一个特定的角色。如果我们相信有一个更大的智慧，我们就可以开放性地接纳许多盟友和支持者，他们也将承担各自的角色。

约瑟夫·坎贝尔写道："追随你的天赐之福……在过去没有门的地方，会出现一扇门。"

我们并不是在刻意让这些愿景发生，我们只是在其中做自己该做的事。要做到这一点，我们需要坚持自己的梦想和承诺，然后我们跟随它，无论它带我们到哪里去。

第十章

敢于相信这是可能的

1785 年，剑桥大学的学生托马斯·克拉克森参加了一个征文比赛，主题是奴隶制。在研究这个课题的过程中，他发现了跨大西洋奴隶贸易，对此感到非常震惊。虽然他的文章获得了一等奖，但里面的内容使他非常不安。他在日记中写道："我日不能安，夜不能寐，有时悲伤得彻夜不眠。"

他放弃了成为圣公会牧师的计划，转而决定加入贵格会参加反奴隶制的运动。两年后，克拉克森与另外十几个人一起，创立了"废除奴隶贸易委员会"，他们在伦敦的一家印刷厂召开了启动大会。

与威廉·威尔伯福斯以及其他几位坚定的反奴隶贸易活动家一起，克拉克森看到了一个激励人心的愿景。当时，他们的处境艰难，毫无胜算。奴隶制已被视为日常生活的一部分。奴隶贸易根深蒂固，强大的既得利益集团反对任何改变。即使是在当时的英国下议院，废除奴隶贸易的想法也被看作是"不必要、空想和不切实际的"。威尔伯福斯多次试图提出立新法，但这些尝试都没有成功。反对势力非常强大，克拉克森在利物浦码头遭到一群暴徒袭击，差点丧命。

当我们在追寻激励人心的愿景这条路上前行时，可能会听到一些否定的声音，认为我们所希望的是不必要或不切实际的。现状和我们的期望差距越大，这种声音就越大。然而，像克拉克森和威尔伯福斯这样的人提醒我们，当我们敢于相信我们的愿景是可能实现的，并心怀信念勇敢地采取行动时，非凡的改变就会发生。1807 年，英国议会通过了一项法律，宣告在大英帝国境内进行的奴隶贸易为非法交易。在随后的几十年里，其他国家也纷纷效仿，奴隶制度在世界上大部分地区都被宣布是非法的。纳尔逊·曼德拉的一句名言描述了这种变化："在成功未到来之前，一切总是看似不可能。"

从此时此刻开始重新校准我们的希望

虽然有时候敢于相信一个不太现实的愿景会有助于突破，但有时候这样做也可能是草率的，甚至是有害的。比如，当我们明明已经尝到了工业化经济所带来的种种恶果，而且更坏的后果正在显现，我们却仍然相信我们可以继续发展工业化经济，这现实吗？然而，这正是**一切照旧**所依托的愿景。

我们如何才能区分这两种希望：一种是具有前瞻性，能激发巨大变革的希望，另一种是那些不再可行或把我们推向有害方向的希望？这里有一个"积极希望"的三步框架很有用。第一步，我们从当下开始，对现实有一个清晰的认知。第二步，以这个认知为起点，明确我们的希望是什么。第三步，朝那个希望的方向前进。其中第一步是至关重要的，因为它需要重新校准希望和愿景，以当下的现状为基础，并考虑到环境的变化和新的信息。

当我们考虑某种情况可能发生的不同发展路径时，会使用双蜘蛛图（见图17），这张图既能支持对现实的评估，又能对各种可能性保持开放。先画一个蜘蛛的侧身，蜘蛛的腿向一侧呈扇形展开。蜘蛛的身体代表当下，每条腿都代表着可能发生的不同发展方向。上面的蜘蛛腿代表向更好的方向发展，下面的腿则代表向更糟的方向发展。

如果我们选择了下面的蜘蛛腿，情况恶化了，我们仍然可以从第二个时间点开始再次应用蜘蛛图。这样，双蜘蛛图就形成了：

第一个蜘蛛图呈现了正常条件下的多种可能性；若我们认识到情况可能恶化了，第二个蜘蛛图则让我们思考下一阶段仍然有可能发展出不同版本的故事。

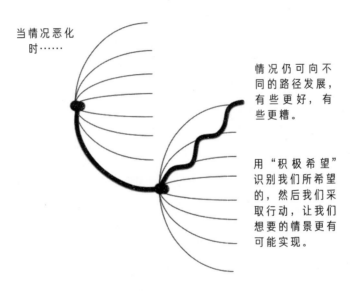

当情况恶化时……

情况仍可向不同的路径发展，有些更好，有些更糟。

用"积极希望"识别我们所希望的，然后我们采取行动，让我们想要的情景更有可能实现。

图 17　双蜘蛛图显示可能发展的路径

近几十年来，气候变化、栖息地丧失、极端不平等和物种大规模灭绝等事实越来越令人沮丧。十年前看似可能实现的一些希望，也变得越来越渺茫。承认我们当下所面临的困境，放下从前的希望，也可能是一种积极的行动。但与此同时，我们需要将当下作为起点，重新思考最佳的可能性。这将会滋养我们的信心：相信我们可以有所作为，我们的行动会带来改变。

接纳与承诺疗法（也称为 ACT）是治疗抑郁症和焦虑症成熟而有效的方法。接纳和承诺的双重特质就像这两个蜘蛛。第一个蜘蛛是关于接纳，承认我们的现状，重新调整，并放弃那些不可能再持续的希望。第二个蜘蛛是关于承诺，我们看到未来的可能性，选择要支持什么，并全力以赴。

这是一种判断力，能够让我们决定何时放弃一个愿景，何时相信它依旧可行。一次次的失望让人们很难相信事情会朝着最好的方向发展。变革中一项重要的技能是：积极支持那些能够预见理想的真实未来的愿景空间。在这个空间里，理想看似不太真实，甚至看上去不太可能发生，但我们仍相信它的可能性，特别是相信如果我们努力朝着它的方向迈进，它就更可能发生。因此，那些帮助我们看到可能性的参考点至关重要。让我们来看看其中的五个方面：

- 历史上鼓舞人心的事例；
- 非连续性变化现象；
- 直面"拦路者"；

- ■ 我们自身坚韧不拔的经历；
- ■ 见证大转折通过我们发生。

历史上鼓舞人心的事例

克拉克森和威尔伯福斯等了 20 多年才看到反对奴隶贸易法的通过。他们经历过当时**一切照旧**模式的各种挑战。他们有来之不易的民众支持，但也经历过绝望的黑暗时刻。在 1790 年初，法国大革命和随后的英法战争导致英国政府对反对派实施镇压。严厉的新法禁止 50 人以上的集会，除非得到地方治安官员的许可。如果地方法官宣布集会非法，一小时后仍有 12 人以上聚集，他们可能会被判处死刑。废奴委员会放弃了它在伦敦的办事处，7 年没有集会。克拉克森的精神崩溃了，废奴运动也开始走向衰落。

有句谚语说，重要的变化往往要经历三个阶段：刚开始它会被当作一个笑话，接着会被视为一种威胁，最后才会被接受为正常。一系列历史变革事件为我们提供了重要的参考。如果你很难相信自己的希望能够实现，你要知道其他人也曾有过这样的感觉。感谢那些在嘲笑和迫害中仍然保持信念火花的人，他们使那些曾经被冷落、被压制或被认为无望的梦想成为我们现实的一部分。

以下是一部分示例。

- 现在几乎所有人都承认地球围绕太阳公转的说法。
- 世界上几乎每个国家的妇女都有了选举权。
- 南非不再有种族隔离。
- 非裔美国人可以成为美国总统。

伽利略因坚持地球是围绕着太阳公转的而被贴上异教徒的标签，他的著作被禁，并且他在软禁中度过了生命的最后 8 年。1850 年，露西·斯通在美国马萨诸塞州伍斯特组织了第一次全美妇女权利大会。虽然她没能等到 1920 年见证美国妇女最终获得选举权的那一刻，但这并不妨碍她终其一生都在为实现这一目标而努力。纳尔逊·曼德拉在 1994 年成为南非第一位黑人总统，而在此之前他被囚禁了长达 25 年。当我们经历挫折、失败或阻碍时，我们需要牢记，我们会是悠久而优良的历史传统的一部分。

会不会有一天，我们的后代回顾过去，会好奇我们如何敢于相信人类能够创造一个生命可持续性社会，并有勇气让这个梦想成为现实？为了这个愿景，我们需要有忍受挫折的能力。与其将挫折和失败视为我们在追求无望事业的证据，不如我们将其重新定义为这是社会变革历程中自然甚至是必要的特征。

失败和挫折也许是我们的生命旅程中必不可少的一部分。因为如果我们只是固守于已知和有把握的事，我们就会局限于旧有且熟悉的方式，而不是去拓展新的能力。学习是一个从"不知道"开始的过程。我们学习一项新技能时，刚开始往往容易犯错误，然后从失败中获得经验。挫折和失败的积极含义是表明我们已经走出自己的舒适区，敢于迎接我们的挑战，让我们重新定义挫折和失败，从而鼓励我们坚持不懈，不轻言放弃。通过坚持，我们才更有可能体验到下一个转角的惊喜。

非连续性变化现象

在气候变化这样的问题上，我们没有 70 年，甚至都没有 20 年来实现所需的变化。我们面临的问题迫在眉睫，需要更迅速地采取行动。由于我们目前进展缓慢，可能很难想象我们将如何破局。

如果我们认为变化是以稳定的、可预测的速度发生的，那么过去 10 年的进展或缺乏进展，就会成为衡量下一个 10 年的标杆，我们可能会感到沮丧和气馁。值得庆幸的是，在持续变化的同时，也存在非连续性变化。突发的改变会以令我们惊讶的方式出现——像柏林墙这样看似牢不可破的建筑可以在很短的时间内倒塌或被拆除。对非连续性变化的认知开启了某种真正意义上的可能性。

试想一瓶水放在冰箱的冷冻室里会发生什么。在它冷却的过程中，温度会有一个稳定、持续的变化。在接近冰点的临界阈值之前，水的外观不会有太大变化。一旦达到冰点，一个不同寻常的过程开始了，微小的晶体形成了，同时其他晶体会围绕着微小晶体继续形成晶体，直到大规模的结晶发生，水就从液态变为固态，这就是非连续性变化。

在非连续性变化中，一旦跨越了某个临界值，它就不是发生更多相同的事情，而是发生完全不同的事。这是一个质的飞跃，开启了全新的可能性。我们可能认为少量的水不可能击破坚硬的玻璃，但冰的膨胀会让玻璃因受力而破裂。

即使我们看不到行动带来明显的结果，我们仍然可以增加一个隐形的变量，推动局势更接近如水结晶时的临界点。一旦跨越这个临界点，新兴事物便会开始呈现，瞬变随时可能发生。

非连续性变化可以由极小的事件触发而成。当你接近一个临界阈值时，微小的一步就能带你跨越它。举个例子，当一大群人开始相信某个变化将要发生时，一个临界点就出现了。如果那些还在观望徘徊的人尚未做出决定，这时只需要一点微小的助力就可以打破平衡，推动他们成为支持者。在穿过临界点之前，看似改变不太可能发生，但只要跨越这个临界点，人人都会想要加入其中。我们每向前迈出一步，都无法知道自己和他人的行动将如何相互作用，并创造出一个全新的环境。当一个变化带动其他变化，就会触发一连串的事件，并最终带来突破。就如同雪球滚下山坡一样，前进的每一步都将增加动能，产生协同作用，预想不到的转变就会如魔法般神奇地出现。

非连续性变化可能会在两个方向上发生。正如新的思维方式可以激发人们的想象力，并推动关键创新一样，临界点也可能让情况迅速恶化。尽管我们可能站在重大飞跃的边缘，但我们也可能面临灾难性崩溃的真正危险。

我们不知道事态会如何发展。我们能做的就是对我们希望发生的事情做出选择，然后全力以赴去支持这种可能性的发生。鼓舞人心的变革浪潮正在我们的世界蔓延，**大转折**正在我们的时代发生，而我们可能已经以多种方式参与其中了。如果我们想让变化来得更彻底、更深入、更迅速，我们可以在生活中做些什么来支持它的发生？我们需要跨越哪些临界点？

直面"拦路者"

当我们找到激励人心的愿景时，我们就会感受到冒险之旅的召唤，继而投身其中。也许那里有一片我们想要保护的珍贵森林，一个我们想要支持的社区项目，或是我们希望在自己和他人身上激发出来的一些珍贵品质，但我们几乎总会遇到某种阻力或抵抗。神话学家约瑟夫·坎贝尔创造了"拦路者"一词，用来描述那个守护或阻挡道路的力量。通过研究来自世界各地的神话、传说和冒险故事，他绘制了一个通用的故事结构，用以描述追随冒险召唤的内在动力与挡在路中的守护者之间的张力。

在《指环王》这样的奇幻冒险故事中，任何时候只要出现一条清晰可行的道路，就一定会有某种怪物或敌人随之而来。接下来，主人公通过对抗、用计、结盟或绕过障碍等一系列方式迎接挑战，继续他们的冒险旅程。我们也可以这样看待自己的生活。当我们追随冒险的召唤时，将障碍视为"拦路者"可以激发我们的创造性回应。萨拉是一名"转型运动"的积极分子，她曾经描述过这样做给她带来的影响：

　　我想要在我生活的城市发起一个转型项目，但我想："不行，这个项目太大了，我做不到。"听到关于生活就像冒险故事的说法后，我的整个想法都改变了。这的确是一件宏大的事情，我不确定是否能够做到，但这不就是这类故事的开始吗？

每当萨拉遭遇困境时，她就告诉自己：这是我的冒险之旅，这些都是"拦路者"。这样她就不会再感到挫败，她知道当进展不顺利时，不要拖延，而是需要去寻找盟友、学习新的技能。

人类的冒险故事之所以流传了数千年，不仅仅是因为它们的趣味性，还因为它们传递的精神帮助我们迎接挑战。几乎在所有的故事中，主人公都是在冒险旅程中通过结交盟友，服务于比自己更大的目标，发现自己隐藏的内在优势，并谦逊地向他人学习，从而找到前进的道路的。通常总有某种神秘的力量会伸出援手，它可以是一种精神力量，一种价值观或道德力量，比如正义，或类似电影《阿凡达》中相互连接的生命之网所带来的新生力量。

有时候，"拦路者"会以有形的方式出现，但我们要跨越的障碍有时不仅是有形的，也存在于内心中。对于萨拉而言，要履行承诺发起转型城市项目，她需要找到一种方法来对抗内在那些"不行，这项目太大了，我做不到"的声音。这是怀疑在充当"拦路者"。

把这些阻抗的声音用形象的角色呈现出来会很有帮助。前些年，克里斯与一些木偶剧演员合作，演示了恐惧、愤世嫉俗以及怀疑等常见的障碍。恐惧被表现为一个过度保护的家长，不断警告孩子接触任何新事物的危险；愤世嫉俗是一个傲慢的远房亲戚，把任何项目的价值贬得一文不值；最后，怀疑化身为"不行教授"，他是一个非常聪明的人物，对所有事情都有所研究，并且确切地知道为什么我们不可能成功。

这些角色有时候会说一些有用的东西。倾听内在的恐惧可以防止我们过于草率；适度怀疑可以保护我们不卷入那些不真实的事业中；"不行教授"可能有时也是对的。当这些让我们停滞不前的内在声音出现时，我们如何知道它是在保护我们还是在阻碍我们？仅仅是提出这个问题就可以让我们思考两种可能性。通过倾听我们内在反对的声音，在它们经不起推敲时提出质疑，我们可以破解自己的抗拒。当前进的障碍被清除时，我们就能释放行动的力量。

我们自身坚韧不拔的经历

我们当中的许多人都在努力做出改变，而有些改变看似如此艰难，让我们怀疑它是否能够实现。而当我们最终找到出路时，我们就为可能性提供了又一个重要的参考。这些经历提醒我们，当我们听到"不行，我看不到任何可能性"的声音时，我们可以证明"不行教授"是错的。克里斯在这里讲述了一个他自己生活中的例子。

在 20 世纪 80 年代末期，我在伦敦一家医院做实习生。按当时的惯例，我的合同约定我平均每周工作 88 小时，但有些时候我一周工作会超过 100 小时。自早上 8 点开始，我可能要到第二天凌晨 3 点才结束工作。但由于我还在值班中，我可能会在半小时后就被叫回去工作，直到最后在早上 5 点上床睡一小会儿，然后很可能一个小时后又被叫回病房。接着，我要继续工作一整天，直到下午 5 点工作结束。

大多数时候，我都会像这样昼夜不停地工作，两班倒 33 个小时，其他工作日的白天也要工作。除此之外，每到第三个周末，我都要连续工作 50~80 小时。有时周末轮班的时候（从周五上午一直持续到周一下午），我甚至有过这样的经历，一次性不间断睡眠的最长时间只有 90 分钟。

当我刚开始这份工作时，我觉得这简直让人难以置信。几乎所有与我交谈过的医生都感到无可奈何和无能为力，但并没有一场大规模的抗议活动来改善工作条件，这让我很惊讶。"我们在这里没有任何权力，"他们说，"我们无能为力。"我四处询问，人们都认为这种工作方式太疯狂，但又认为要改变它的想法毫无意义。首先，因为这个体制如此根深蒂固，任何抗议的活动都注定会失败；其次，如果你公开表态，你的职业生涯就会受到威胁，因为医生要得到下一份工作，就得依靠雇主的推荐信。如果你想在医疗行业发展，你就得忍受超长的工作时间，并且保持沉默。

一小群医生没有屈服于压力，他们发起了一场抗议活动。我立即加入了他们的行列。我们一起给媒体写信，组织游说议会，在医院里组织会议。随着活动的开展，一家电视媒体来找我进行采访。就在采访的前一晚，医院经理打电话到我家，他告诉我："如果你继续这样做，你就得小心你的未来。"他所传达的信息很明确：继续公开表达意味着自毁前途。然而，正是这种恐惧才使这个体系得以存续。如果想要改变，就需要人们承担风险。所以我还是去了。

跨过恐惧之门是一种解放。随后其他医生也开始发声，一个致力于此的小团体发起了一场媒体宣传活动。当我们在伦敦的一家医院外进行通宵抗议时，这个事件成了当时一条重大的新闻。在接下来的一年里，我们进行了更高规格的行动并得到了大量的新闻报道，但我们的工作条件并没有改变，团队的士气开始下降。

由于严重的睡眠不足，我患上了抑郁症。一位在学医之前做过律师的朋友建议我们采取法律行动。我们咨询了一位著名的律师，他的意见是由于没有相应的法律条文，如果采取法律行动，可能会破坏我们的抗议活动，因为一旦上法庭就可能被嘲讽。另一位律师也得出了类似的结论："这没有先例。"

还有一位律师朋友则持不同观点。她愿意免费提供支持，帮助我们申请一项禁令，要求医院不得要求我们一周工作超过72小时，或者在没有保障睡眠时长时，不得连续工作超过24小时。每一个雇主都有法律义务提供一个保障工作安全的体系，而卫生监管机构在这方面的管理是失败的。因为精疲力竭的医生更容易犯错，睡眠不足则是引发抑郁症的危险因素。为了最大限度地增加媒体报道，我在一个公众假日的周一呈送了申请，那时候我刚结束长达54小时的周末工作。

30名记者和6个电视台的摄制组在医院外等候。他们一边拍照一边喊道："朝这边打哈欠！"这个故事登上了国际头条，世界另一边的朋友也在电视上看到了新闻。作为一个媒体噱头，它非常有效。但是，仅仅引发人们对这个问题的关注还不足以带来必要的改变。

在法庭听证会上，该项申诉被裁定为一项无法律依据的诉讼而被驳回。这本可以是一个终结，但有一位知名的大律师站出来免费提供服务，他相信上诉是有依据的。但如果上诉失败，卫生局会向我收取法律诉讼费用，而我没有足够的资金来支付这些费用。报纸上有篇文章报道了我们的困境，人们开始为我们捐款。超过两百多封支持信以及数千英镑的捐款纷至沓来。

我们也曾联系过医生工会、英国医学协会，看看它们是否愿意支持我们。但它们的法律顾问说没有赢的机会。在接受报纸采访时，英国最高法官丹尼勋爵也发表了同样的观点。他说，如果法庭宣布过度工作是违法的，那将是前所未有的。然而，当我读到那些支持我的信件时，包括一些像我一样感到绝望而想要自杀的医生们的信时，我知道我必须继续下去。

我在苏格兰度假的一天下午开着车时突然睡着了。当我睁开眼睛时，我已经开到了马路的另一侧，一辆汽车正朝我飞驰而来。我立即打方向盘转向，车因此失控冲出了道路，迎面撞上了一块岩石。车被完全撞毁报废了，幸运的是我只是膝盖上有一道擦伤。但这件事情给我传递的信息非常清楚：如果我没有充足的睡眠，继续这样疲于奔命地工作下去，我将会崩溃掉。就在几天前，我才刚刚结束了一个长达112小时的工作周。

这场车祸为我敲响了警钟。医生的工作条件不仅仅是令人不愉快的，它已经成为一个生死攸关的问题。那时，已经有几名年轻医生死于车祸，睡眠不足疑似是原因之一。我提出了辞职，并且比以往任何时候都更加坚定地要把这个诉讼案继续下去。几个月后，上诉成功了。这次裁决是一个重大的胜利：它开创了一个法律先例，规定雇主要求雇员长时间加班导致对健康造成可预见的损伤，是违法行为。在这一点上，英国医学协会决定支持我们，并开始为审判做准备。

在接下来的几年里，卫生局多次以无法律依据为由试图阻止这起诉讼案件的审理，甚至试图将其提交给上议院。但最终，审判日期定在了1995年5月。这个案子被归为A类审判，这意味着其判决具有重大的公众意义。就在审判开始前几周，卫生局提出庭外和解。他们担心自己可能会败诉，又想避免承担昂贵的审判费用。他们付给了我一小笔赔偿金，外加所有的诉讼费用。与上诉法院裁决的先例一样，这项和解协议向雇主发出了一个强有力的信息：如果他们不考虑雇员工作时间过长对其健康的影响，那么他们将因过失而受到经济索赔。每周工作 100 小时的时代即将结束。此案最终获得了胜利。

当变革即将发生时，它就会寻找人员来采取行动。我们如何知道什么时候会发生改变呢？我们能在内心感受到这种渴望，一种牵引我们参与其中的渴望。但这并不意味着改变是顺理成章的，因为在这条路上总是会有一些阻碍我们的人，他们会说我们在浪费时间，这不可能，这太危险。为了让改变通过我们发生，我们就需要反驳这些声音。当我们突破这些前进的阻力时，我们的内心就会发生转变。

见证大转折通过我们发生

当我们用新的眼光看问题时，我们就会认识到每一个行动都是有意义的，那些**大转折**的故事是由无数社区、运动和个人行动的小故事组成的。我们无法得知这些变化是否能发生得足够快以避免**大崩溃**的来临，考虑到非连续性变化的不可预测性，这也是可能发生的。这与自信不同，这是对成功的可能性保持开放的心态。

如果你能从恐惧和怀疑中解脱出来，你会选择做什么来实现

大转折？以下是我们在工作坊中使用的行动计划流程。它将帮助你确定在接下来的 7 天内你可以采取的实际行动和步骤。眼见为实，当你看到自己正在采取这些行动时，你就更容易相信**大转折**正在发生。

试一试：明确你的目标和资源

在你和他人合作时，应用以下流程会很有效，你们可以互相采访并相互支持。你可以定期重复并回顾这一流程。

1. 如果你知道自己一定会成功，你最想为疗愈我们的世界做些什么？

2. 为了实现上面所说的贡献，在接下来的 12 个月内，你想设定怎样的具体目标或项目？

3. 你有哪些内在和外部资源能帮助你做到这一点？

内在资源包括特定的优势、品质和经验，以及你所获得的知识和技能。

外部资源包括可以利用的关系、人脉和网络，以及诸如资金、设备、工作或者赋能的场所等物质资源。

4. 你还需要哪些内在和外部资源？还有哪些需要通过学习和发展来获得？

---

5. 你可能会如何阻碍自己？你可能会在过程中设置哪些障碍？

6. 你将如何克服这些障碍？

7. 下个星期你能采取什么行动？不论这个行动有多小，哪怕只是打个电话、发个邮件或安排一些反思的时间。这些都能让你朝着这个目标前进。

当我们敢于相信我们所希望的有可能实现时，我们就有勇气去行动。就像这段文字所表达的：

在一个人做出承诺之前，他可能会犹豫，也可能会退缩。关于所有的主动和创造性行动，有一个基本真理，如果对它一无所知，会扼杀无数的想法和伟大的计划。那就是，当一个人下定决心付诸行动时，宇宙也会为之助力。原本不可能发生的很多事情竟然发生了。这个决定会引发一连串的推动性事件，各种有利于此的意外事件、邂逅和物质援助，都会以意想不到的方式出现在他的面前。因此，无论你能做什么，或者梦想着你能做什么，就行动起来吧。勇敢蕴含着天赋、力量和魔力。现在就开始吧！

第十一章

建立支持资源

在任何改变的过程中，一个至关重要的因素就是它获得支持的程度。通过寻求鼓励、帮助和良好的建议，我们可以为自己和项目创造一个更赋能的环境。这在面对困难或冲突时尤其重要。在本章中，我们将看看如何在以下几个层面培养和发展支持。

- 个人的习惯和实践；
- 与自己面对面接触的人群；
- 我们所处社会的文化环境；
- 我们与所有生命相连的生态环境。

个人的习惯和实践

　　有一个很好的问题很适合作为开始:"我的生活方式是否支持我想要带来的改变?"入选奥运会的运动员通常在比赛前已经训练多年,他们的饮食习惯和睡眠时间都是为了让自己发挥出最好的水平。运动员们也会采用运动心理学的先进方法,运用积极意象和其他训练来强化动力和提高专注力。如果意识到自己生活在人类历史的一个关键时刻,我们的行为和选择将产生持续数千年的后果,那我们的所作所为的重要性,难道比不上一场奥运会吗?

　　至关重要的是我们如何看待自己所做事情的价值。如果认为自己的作用不重要,我们就不太可能采取必要的措施来让自己发挥最佳的作用。那什么能帮助我们认识到自己对**大转折**的贡献是如此重要,它值得我们去认真对待呢?正如在第六章里所探讨的,力量协同的模式一定会令当前发生改变,我们对大量涌现的理解会帮助我们看到潜藏在所有选择和行动背后的力量。**大转折**需要大众的参与,我们每个人都能够发挥一己之力。但我们是否认为自己的作用足够重要,值得支持呢?这是我们可以做的一个选择。我们可以**决定**为积极希望的行动赋予意义。有一些做法可以帮助我们做到这一点。

在一次为期 10 天的深度工作坊的最后一个下午，乔安娜外出散步时，遇到工作坊所在的静修中心的一位年轻僧侣。"嗯，"他说，"我希望在最后一天，你会带领大家宣誓。"乔安娜告诉他这不在计划之内。"真可惜，"他说，"我觉得在我个人的生活体验中，誓词很有帮助，因为它会引导我把精力投入到真正想做的事情上。"

乔安娜继续走着，看着自己的手，心想：如果要宣誓，誓言的数量应该用一只手就数得过来。几乎在顷刻间，以下五条誓言就在她脑海中萌生：

> 我对自己和你们每个人宣誓：
>
> 我将每天致力于对世界的疗愈和众生的福祉；
>
> 我将更节俭地生活，减少在食物、产品和能源上的过度消耗；
>
> 我将从生生不息的地球、祖先、后代，以及所有其他物种的兄弟姐妹那里汲取力量和指引；
>
> 我会支持他人为世界所做的工作，同时在我需要的时候寻求帮助；
>
> 我会致力于每日修习，让我的思想明晰，增强我的内心，支持我遵守这些誓言。

那天晚上，乔安娜询问工作坊的参与者对誓言的看法时，"嗯，很好！"他们热情地回应。工作坊即将结束，随后所有人也很快就会分开，彼此相距遥远。而向彼此和自己许下誓言的体验会加深他们作为一个社群的归属感。"我对自己和你们每个人宣誓"的誓言会让他们想起这些盟友。

我们要选择用自己感觉真切的词语。如果我们愿意，我们也可以不使用"誓言"，而使用"承诺"或者"意向声明"这样的词。这些词语提供了一个锚点，可以不断提醒我们关注那些我们珍视的目标和我们为之服务的行为。

团体的意向声明让所有成员的共同愿望得以呈现，具有强大的凝聚力和感召力。五条誓言就是一个例子，它现在被越来越多的人使用，让人感受到扎根于一个日益增长并拥有共同意向的全球性团体。

实践是我们选择的习惯，也是我们愿意接受的一个有规律的生活特性。随着不断地重复，习惯成自然，又会形成动力。很多实践能够支持我们为世界而行动的意向。无论是冥想、重复誓言、练习瑜伽或太极、在大自然中花一些时间、创造性地表达自己，还是其他任何让我们充满力量的事，每一次滋养我们的活动，都会成为增强对我们的支持的盟友。

第四条誓言是人们在为世界工作时互相支持，并在自己需要帮助时寻求支持。这就将我们带到了第二个层面——涉及我们周围的人。

与自己面对面接触的人群

艾伦是我们工作坊的一位参与者，他平时不喜欢寻求帮助。"我担心，"他说，"如果我求助，别人就会知道我缺乏独立完成任务的能力。我就不会像自己希望的那样，让人看作是一个有能力的人。这会让我有匮乏感。"在把人分为成功者和失败者的社会里，寻求帮助会让人觉得是承认自己软弱。

如果足球队的球员们都认为他们自己能行，从来不传球，那会发生什么？**大转折**就像一项团体运动，是一个协作的过程。我们有时需要传球，有时需要求助，还有些时候可以为他人提供支持。

当我们从单打独斗的苦苦挣扎里走出来，成为团队的一分子时，我们就会体验到"我无法做到，但我们可以"这句话所表达的力量转变。寻求协同发展和共同智慧是**大转折**的一部分，而寻求支持正是改变的一个积极步骤。有一个叫作"支持地图"的工具，可以帮助人们识别已经得到的支持，并使其进一步扩大。下面是创建支持地图的指南。

试一试：创建支持地图

1. 首先，在一张纸的中间写下自己的名字，然后在名字周围写下在你的生活中很重要的人的名字。

2. 然后，画箭头来表示支持的方向。箭头方向朝向你的，表示你接受的支持；远离你的，表示你提供的支持。箭头的宽度代表支持的强度（见图18）。

3. 最后，画好图后，扪心自问：你对自己所得到和给予的支持有多满意？你觉得自己的状态能很好地持续下去吗？如果不能，你如何才能获得更多的支持？

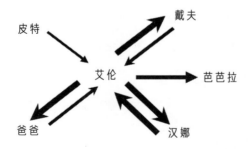

图18 艾伦的支持地图显示了艾伦提供和接受支持的情况

艾伦看到自己的支持地图时，意识到他在提供支持方面比接受支持要做得更好。除了妻子汉娜外，他只从少数几个人那里得到支持。其实他知道如果自己愿意寻求帮助的话，他的朋友皮特和戴夫都会很愿意为他提供更多支持。艾伦最近一直很忙，和许多老朋友都没有联系了。这张图让他意识到，与其自己苦苦挣扎，不如去寻求帮助。这不仅有助于他们重建友谊，也会令艾伦在工作上更加富有成效。

我们也可以将这个画图的过程用于具体的项目。你可以把这个项目的名字写在纸的中心，然后写下参与项目的人。这张图可能会让你发现一些平日的疏漏之处，或者自己承担了太多，是时候该考虑招募其他人了。每个项目都有自己的生命，因此可以问自己这样一个有趣的问题："这个项目你希望通过谁来推进？"这个问题提供了一个更具协作性的视角，我们可以把自己看作被愿景召唤而来的团队成员，而不是局限于这是"我的项目"还是"他们的项目"。

当人们为实现一个更深层的使命并肩协作时，他们之间就会产生一种特殊的凝聚纽带。有一种奇妙的体验方式是通过学习行动小组发生的。对乔安娜和克里斯来说，这样的小组改变了他们的人生。

学习行动小组

1987 年底，乔安娜感受到一种新的责任感，想要解决核废料带来的困境。她意识到需要进一步了解这一主题并且寻求帮助。于是她邀请了十几位朋友一起工作来解决放射性物质的处置问题。早在 20 世纪 70 年代，当乔安娜参与新社会运动的研究小组时，她就意识到在其中加入行动这一元素的好处，那样就可以让团队将研究和学习的成果付诸行动。这种共同的实践提升了团队的活力、信任和相互尊重。

乔安娜的小组每月开一次会，团队工作有三条主线，他们称其为"3S"：研究（study）、策略（strategy）和相互支持（mutual support）。研究主线包括成员们针对特定领域轮流做调查、收集信息并教授他人知识，例如辐射物理学、辐射物理学的生物效应以及核能和生产武器造成的大量废弃物。策略主线则包括根据小组共同研究的进展而采取切实可行的行动，例如在学校演讲、组织请愿并撰写书面材料。

小组研究的大多是令人不安的话题，团队成员有时也需要表达自己的悲伤和愤怒。因此第三条线——相互支持，至关重要。它为团队的情绪反应创造了空间，使团队能够保持继续前进的动力和勇气。

在小组工作的四年中，他们为自己开发了培训课程，这样他们就能够在公开听证会上作证、举办公共教育活动、出版刊物并制定有关处理放射性材料的道德准则。研究、策略和相互支持这三条线彼此作用，使小组协同工作的过程成为大家宝贵的经验。

受乔安娜的经历启发，克里斯和朋友们成立了一个关于**大转折**的学习行动小组。第一步是先邀请感兴趣的人来更多地了解这个想法，并邀请他们表达自己能做出的承诺。参加会议的人都热切地表达了参与意愿，于是小组决定每月开一次会，6次之后做一次总结和回顾。小组人数控制在12人以内，这样大家容易保持亲密感。在"**大转折**是什么？"和"我们如何参与其中？"这两个问题的指引下，大家开启了一段旅程。这一团体在深深地互相滋养中持续成长，直到18个月后自然终结。

组织学习行动小组非常具有吸引力，因为这不需要高水平的专业知识，是一个很愉悦的过程，而且在家里就可以进行。其中的关键因素就是需要有一群对某个问题渴望有更多了解的人，同时再加上好奇心、意愿、美食和一个会面的场所。

学习行动小组的方式只是支持小组可采取的多种形式中的一种。如果我们发现一本鼓舞人心的书，就可以召集一个小组一起读书和讨论。这样让我们有机会在更深的层次上阅读，帮助我们消化新的知识并将其应用到我们的生活中。

在过去的 10 年里，我们很高兴看到许多不同国家的团体把这本书当作指南，培养大家挺身而出、发挥一己之力。"积极希望"读书会，也被称为"积极希望圈"，可以由有经验的人建立和带领，也可以是自发的或由同伴领导。有些人只是邀请几位朋友或家人一起阅读这本书，并一起做书中的练习。我们开发了免费的在线资源来支持人们建立这样的小组，并提供免费的线上视频课程，可以配合书一起使用，也可以单独使用。

我们所处社会的文化环境

社会心理学家保罗·雷和雪莉·露丝·安德森曾进行了一项开创性研究，涉及十几万份问卷反馈和数百个焦点小组。这项研究显示，一种致力于生态价值观、社会正义和整体观的新型亚文化正在发展壮大。并且他们根据研究结果推测，数以千万计的"文化创造者"正在抛弃**一切照旧**的故事模式，创造出新的事物：

当数以千万计的人在几十年的时间里做出这样的选择时，

我们见证的将不仅仅是大量的个体出走，还是文化整体层面上的出走。

虽然这种转变正在数亿人身上发生，但它依然不易被觉察到，人们也因此在关心世界的状况时常常感到孤独。当我们在阅读、观看媒体宣传或走在繁忙的商业街道上时，我们很难发现还有其他人也在关注全球性危机的迹象。那么我们如何才能在文化和社会层面培养具有支持性的环境呢？

一个影响人们做决定的主要因素是人们认为周围的人在做什么。研究表明，当人们知道自己的邻居在采取行动来减少能源消耗时，他们就更有可能去行动。我们每人都有一些参照对象，帮助自己来决定什么是正常或适当的行为，同时我们也在成为其他人的参照。所以看到我们以更可持续的方式生活时，他们也更有可能采取相同的行动。

对这种榜样力量的认可催生了一种社区组织。在美国目前有几十万人都在参与本地的这种组织。减少碳排放的"酷街区"运动就是这样一个例子。他们经过数十年对行动的研究，将来自同一条街道或街区的人聚集在一起，组成小型"生态团队"，创建了可量化的碳减排足迹。2021 年，这个概念已经从"酷街区"扩展到"酷城市"，在加州的三个城市——洛杉矶、尔湾和佩塔卢马，他们致力于在 10 年内建立一条规模宏大的碳中和道路。

"酷街区"项目的一个启示是，尽管最初人们对于是否愿意与邻居合作发展可持续性生活方式心怀疑虑，但一旦这个过程启动了，它就会形成自己的动力。这种方式的创建者大卫·葛松描述道：

> 起初我想，人们不想打扰邻居，他们担心会被拒绝。在我居住的纽约市，人们说："我们不和邻居说话，我们也很高兴这样做。我们喜欢保持个性。"事实并非如此，这是一个悖论。人们并不是不想认识他们的邻居，而是他们不知道如何与隔壁的人建立连接、共建社区。结果就是，我们作为孤立而疏远的个体独自挣扎。
>
> 在我们工作过的每一个地方都经历过类似的抵触，"我不认识我的邻居，我们从来没有做过这样的事，我怕我会被拒绝"。但一旦人们使用过我们提供的组织工具，他们就会对因此而产生的连接无比兴奋。一次又一次地，人们会说，他们最喜欢这个项目的部分就是认识了邻居。

随着招募、培训和支持志愿者去敲开邻居的大门，并邀请邻居加入当地的小团体，改变生活方式以减少碳足迹，邻居的参与率超过了 40%。他们对碳减排的关注程度和参与意愿远超预期。人们想要参与疗愈世界的渴望在萌动，正等待一个可以表达的机会和出口。

无论是通过个人行为，还是通过我们所属的群体，当我们将疗愈世界的渴望公之于众时，我们也在帮助他人做到这一点。榜样的力量是如此有感染力。这正是文化改变发生的过程。

我们与所有生命相连的生态环境

我们从自身经历中已经体验到：接触自然环境对于恢复健康可以起到巨大的支持作用。最近的研究结果也为此提供了有力的佐证。可以从牢房看到户外的囚犯生病的概率会更低；医院里的病人若能看到草木绿植而不是钢筋水泥墙，会康复得更快。我们在开发为世界工作的支持环境时，需要包含与自然界的接触。

自然风景带给人的不仅仅是愉悦，它还有一个更基本的作用。然而生活在城市里的人们很容易忘记：我们源于自然，我们是它的一部分。易洛魁人和其他一些原住民早已认识到，人类的生存取决于自然世界的健康运作，自然是人类健康的基础。但直到最近，这种说法才被更广泛地接受。

如果没有植物和浮游生物，我们就没有可呼吸的氧气。如果没有土壤、植物、传播花粉的昆虫和其他生命形式，我们就不会有食物。当我们意识到自己的生命是如何被其他生物所支持的，心中便会怀有深深的感恩之情，我们就更渴望回馈世界。

之前所提到的三个层次分别是个人的习惯和实践、与自己面对面接触的人群以及我们所处社会的文化环境。它们都有可参照的实体和有形的行为，其他人也可以观察到。而第四个层次描述的是一种连接的体验。不管身处何地，即使周围没有其他人，我们也依然能感受到被支持和承托。我们称第四个层次为**生态环境**，因为它是我们感受到的自己与地球这生命之源本身之间的关系，这种关系就像一吸一呼的呼吸节奏那样亲密。

我们每个人都有一张内在地图，标记着自己认为极其重要或神圣的领域、值得追寻的使命，以及我们所信任的再生源头和指引。而在现实版的地图上，是**一切照旧**的故事，最重要的是金钱，任何阻碍短期牟利的事都会成为不幸的牺牲品。在这张地图上，得到支持的途径只能是通过获取资金来进行有偿交易，这正把我们带到悬崖边上。

大转折的第三个维度涉及意识转变，我们可以把它理解为改变地图，把疗愈世界放在地图最中心的位置。在这张新地图上，我们的社区充满了生命力。树木、昆虫、鸟儿、云朵、清风和空气都是我们的亲朋好友，是大家庭的一分子，是我们更大的生态自我的一部分。在这张现实版的地图中，我们的生态环境包含了支持性和破坏性两方面的力量，有我们需要的雨露和太阳，也有会带来危害的飓风、干旱和野火。

让生命延续是我们强烈的渴望。当我们遵从这样的愿望做出选择和行动时，我们就可以想象：所有共享此愿望的生灵都在为之欢呼，包括我们的祖先、未来的生命，以及自然界本身。当我们感到孤独、沮丧和绝望时，我们可以向其中任何一种生灵寻求支持。

如果我们还不习惯从自然中寻求抚慰，我们可以先想想在大自然中度过的美好时光。有没有一个地方让我们内心平和或者流连忘返？凭借记忆和想象，我们在意识里重回那些地方，重温在大自然里的感受，并由此再次从大自然那里接受抚慰。在大自然中找一个特别的地方，我们能够经常去造访那里，就像访问一位老朋友或导师。可是这个地方真的能和我们对话吗？试试下面的练习，看看会发生什么。

试一试：在大自然中找到一个倾听之地

　　有没有一个地方可以让你觉得和生命之网特别有连接？可以是你实际去过的地方，也可以是某个你想象中的地方。你每次到达那里，都会让自己放松。想象自己连接到一个根系中，你能从中获取洞察力、灵感及其他营养。要接受这种指引，你要做的，就是向它提问，然后倾听。

第十二章

保持活力和动力

当我们为世界点燃了发自内心的行动主义火花时，这种内在的激情可以成为一种非凡的能量来源。然而，这也带来了倦怠的风险。我们如何能在一段时间内保持激情而不至于精疲力竭呢？在本章中，我们将探讨如何通过积极应对各种挑战来常保新鲜的动力和活力。我们将把个人的可持续性发展放在行动的核心，包括思考如何以更愉悦、更引人入胜的方式表达积极希望。

在我们这个世界陷入危机之时，考虑我们自己的享受和热情好像有些过分。有这么多问题要解决，难道我们不应该抛开个人的欲求吗？然而，让我们的付出有回报不仅仅可以防止倦怠，还有战略价值。虽然已经有数百万人参与了这场**大转折**，但这场全球性的运动仍需要发展。当人们认识到参与其中的是一条通往更具活力和更令人满足的生活方式的道路时，参与的吸引力就会增加。以下是六个有用的策略。

- 从我们自己和他人那里开启关于改变的话题。
- 将热情视为宝贵的可再生资源。
- 拓宽我们对积极行动主义的定义。
- 跟随我们内心深处的喜悦。
- 重新定义美好生活的含义。
- 用新的眼光看待成功，品味成功。

让我们依次探讨这六个策略。

从我们自己和他人那里开启关于改变的话题

想象一下，你正在与你愿意支持并鼓励其做出改变的人们交谈。如果改变的原因只能由一方来表达，你或他们，你会选择让谁来说呢？如果你更希望你所支持的人来表达改变的动机，那么你就已经理解了一个被证明可以帮助人们发生改变的核心原则。动机性访谈是健康心理学中一种主导的方法，它已被证明是有效的。其核心就是从被支持的人那里引出"关于改变的谈话"这种技巧。

威廉·米勒和史蒂夫·罗尼克是两位开创了动机性访谈的心理学家，他们将"改变的谈话"定义为"自我表达改变理由的语言"。研究表明，当人们通过描述他们为什么想要改变、为什么改变对他们很重要、他们将采取什么行动，以及他们做出必须改变的承诺来为自己想要的改变提出自己的理由时，他们更有可能将行动坚持到底并实现改变。

如果我们想要支持的人是我们自己，我们可以通过自我提问或自我提示，来引导自己进行"改变的谈话"。本书分享的许多练习都旨在达到这个目的：这些练习邀请我们表达自己的动机和承诺，描述我们可能采取的行动及如何采取这些行动，并确定哪些资源可以支持我们的行动。在每一次围绕螺旋前进的过程中，我们通过倾听自己的声音，表达我们的担忧，并通过我们将会采取的回应步骤来加强我们的动力。当我们在企业里分享这些练习时，我们作为见证者和同盟，也加强了企业中"改变的谈话"的影响力。

将热情视为宝贵的可再生资源

我们需要拉伸自己来应对我们在当前世界所面临的困难。问题是，拉伸太长或太久都会带来精疲力竭的风险。这种身心疲惫的状态是前面章节所描述的一种过度消耗和濒临崩溃的表现，它是由于人们长期暴露在高强度的压力下，又没有足够的时间和滋养来恢复而造成的。珍妮曾在一个竞选组织工作多年，她描述了倦怠的感觉："我曾经热爱我所做的工作。我过去喜欢演讲，喜欢与人交流。但我已经到了厌倦一切的地步。我辛苦工作了太久，已经没有什么可以给予了。"

当运动员想要提升运动成绩时，他们需要突破自己的舒适区。他们通常运用间歇训练原则，交替进行高强度的训练和休息以恢复体力。瑜伽运动也是这样的，当人们做了一个超越舒适范围的拉伸动作后，通常会紧跟着再做一个收缩练习，否则一味地拉伸有可能对自己造成伤害。为了发展可以持续数十年的行动主义形式，我们需要不断焕发自己的热情。如果我们要创造一种让人们愿意终生为之坚持奋斗的行动主义方法，并且吸引他人共同参与，那么我们需要探究是什么激发了我们的热情。

可持续性农业揭示了健康的土壤是多么宝贵的资源。找到滋养、再生和恢复土壤的方法是保持长期生产力的关键。这与我们的热情有相似之处：如果我们认为热情是有价值的，那么我们就会对如何滋养和恢复这种宝贵的可再生资源更感兴趣。

我们以一艘漂浮在水面上的船的图像为例，来描绘影响我们继续前进的能力及意愿的因素（见图19）。水位代表着我们内心的能量和热情，而倦怠问题就像我们撞到礁石上一样。消耗因素用下行箭头来表示，代表了水位降低，增加了撞击礁石的可能性；补充和加强我们的滋养因素用提升水位的上行箭头表示。例如，当我们觉得项目取得进展时，我们的士气就会高涨，从而水位也会上升。每当我们因为挫折、争吵或是无力感而感觉气馁时，则会造成水位下降。因此，为了增强我们的韧性，我们需要关注所有的支持因素。

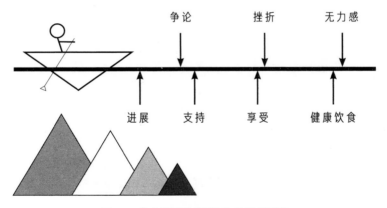

图19　找出影响我们精力和热情的因素

如果我们经历了太多的气馁和太少的"上行箭头"，就有到达一个低谷的危险，让我们可能怀疑这一切的意义，并想要放弃。

当我们失去了继续前进的意愿、精力和热情时，我们就陷入了精疲力竭的境地。

随着世界形势恶化、行动进展缓慢、迫切需要改变的问题面临巨大的阻力，保护我们的积极性变得尤为重要。如前一章所述，在我们的周围建立支持起着关键的作用，但这只是许多潜在的"上行箭头"中的一个。一旦我们认识到热情的价值，我们就会开始寻找使我们所做的事情更令人满意的方法。下面的开放句可以引发我们的探索。

试一试：关于保持精力和热情的开放句

这些开放句可以在写日记、与朋友交谈或在小组活动中使用。也可以和图 19 的水位测绘图配合使用。

·让我感到耗能、士气低落或精疲力竭的事情包括……

·滋养和激励我的是……

·我感到最有热情的时候是……

如果我们在计划会议或活动时使用这样的开放句，会发生什么？许多公开会议遵循的固有模式是一个积极的演讲者站在会议室的前面，而听众则被动地成排坐着，几乎没有互动。有时，这

些会议可能是信息丰富和鼓舞人心的，但它们也有可能是无聊的、被动的。水位图可以用来描绘造成差异的因素。我们怎样才能提高人们参与会议的热情，让他们充满期待，而不仅仅是为了例行公事？

在英国的弗洛姆，一个可持续性发展小组每月都会举行一次会议，通常是由一位演讲者带领或围绕一部电影进行讨论。他们在晚上聚集在一起，吃着各自带来的食物。他们创造了彼此交谈的时间和机会，因此这样的聚会变得越来越受欢迎。他们培养了友谊和社区意识，而这让他们期待着参与。在边吃边聊的过程中，人们不断触发新的合作项目和活动，而这些项目和活动改变了当地的社区。

拓宽我们对积极行动主义的定义

积极行动者的反义词是什么？是一个被动的人吗？如果是这样的话，好像很奇怪，积极行动者应该只是我们中的一些人，而不是成为让我们都引以为豪或向往的身份。积极希望的实践包括为我们希望的世界做一个积极行动者。我们在这里用"积极行动者"来指那些为了比个人利益更大的目的积极行动的人。

大转折的三个维度提供了一个结构，将行动主义的范围扩大到重要的宣传运动及抗议工作之外。只要我们带着菩提心行动，渴望所有的生命都被善待，我们就是一个积极行动者。这包括所有为建立一个可持续性文化，以及对一切促进意识和观念转变所做的努力和支持。拥有一个更大的行动主义地图，会鼓励我们在这些不同的维度之间更自由地移动，以及以为我们赋能的方式将它们整合。在任何一个维度上，我们都有可能过度扩张，当我们感到疲惫的时候，转移注意力会让我们耳目一新。

　　"我们的积极行动就是我们的出版工作。"蒂姆和马蒂·哈兰德说，他们已经做了 30 多年的永续文化杂志。一个社区农业项目的创始人马努·宋和艾迪·汉密尔顿说："我们的行动是通过种植东西来实现的。"参与**大转折**并不意味着突然换工作或放弃其他兴趣。相反，它意味着运用我们的技能、经验、人脉、热情和性情来疗愈我们的世界。美国转型组织的一个在线讨论的参与者说：

　　　　实现**大转折**的三种行动是一个非常有益的结构……在某些工作方面，我天生就比其他人更适合，那么我就可以投身在我最擅长的领域。

跟随我们内心深处的喜悦

虽然有些时候我们会感到受挫或沮丧，但也有一些时刻，我们可以体会到行动主义所带来的巨大的满足感、刺激和愉悦感。探究令我们产生兴趣的原因，可以让我们确定想要聚焦的方向。反过来看，当我们感到自己内心酸楚、产生抱怨和失去热情时，我们应该停下来反思一下，我们可以做出哪些选择来重新唤起我们的热情。我们的热情程度可以作为一个内在的指南针，指引我们选择想要长期深入的活动。

当我们发挥自己的优势和热情时，我们会更有效率。这就是**大转折**通过我们发生的最有力的地方。这是一个巨大的转变，转变了所有人都应该遵循同一条正确的道路前进的观点。相反，它表明我们每个人都需要找到最适合自己的位置。作家兼牧师弗雷德里克·布希纳将这个地方描述为"你深切的喜悦和世界深切的需要相遇的地方"。当我们发现这种融合时，**大转折**就会以一种独特的方式经由我们运作。

重新定义美好生活的含义

光鲜亮丽的杂志和广告所呈现的令人满意的生活包括奢侈和休闲，比如人们在游泳池边晒着日光浴。关于幸福的科学研究表明，这离真正让生活令人满意还有很长的距离。心理学家米哈里·契克森米哈赖在他的经典著作《心流：幸福的心理学》中写道：

> 最好的时刻通常是一个人为了完成一些困难和有价值的事情而在身心层面不遗余力的时候。

奢侈不会以一种让人满足的方式挑战和拉伸我们，但是行动主义在很多方面都会起到这种作用。首先，当我们按照我们最深层次的价值观行事时，我们会因此体验到一种内在的正义感。其次，当全身心面对挑战时，我们更有可能进入像契克森米哈赖这样的心理学家所描述的与生活满意度紧密相关的心流状态。

要进入这种心流状态，需要面对这样的挑战：它的难度足以吸引我们，但又不会难到让我们感到失败。当我们热情饱满并发挥自己的优势时，我们更有可能进入一种忘我投入的状态，以至于忘记了时间。这就形成了一个自我强化的螺旋：我们越是发挥自己的优势，就越能进入心流状态；我们越是投入某项活动，我们就能越做越好。通过这样的"良性循环"为我们的世界做出贡献时，我们可以获得巨大的满足感。

如果我们相信研究结果而不是广告行业，行动主义提供了一条比消费主义更可靠的通往令人满意的生活的道路。可惜的是，对于我们的世界和我们的集体情绪来说，这还不是主流的观点。不过，一场致力于重新定义美好生活含义的国际运动正在兴起。在英国，克里斯举办了"布里斯托尔幸福讲座"，每年这一系列的讲座都吸引了数百人参加。有一年，讲座的主题是"幸福和可持续发展"，克里斯的演讲主题是"面对世界上的坏消息，如何让你更快乐"。

乍一看，人们可能会对这个标题摸不着头脑，问："你是认真的吗？"传统观点认为，意识到世界问题是对幸福的威胁，因此，它受到抵制。关于好心情是基于什么有两种不同的理解：一种是为了一个快乐的图景，另一种是为了参与一个满足的过程。

寻求快乐图景的方法是这样的："如果我有_____，那么我就会幸福。"这里的幸福与拥有正确的东西联系在一起。通常的愿望清单包括金钱、成功、美貌，再加上当时最流行的消费品。如果我们没拥有正确的东西或正确的外在形象，那么我们的生活就不是一幅幸福的画面。当我们用这种人为的刻板印象来衡量自己时，我们很容易感到不足，而我们由此产生的匮乏感是消费主义的强大驱动力。

有一件事是你在快乐图景中找不到的，那就是坏消息。保持画面的快乐和乐观意味着要抵制阴暗的来源，因此不受欢迎的现实状况会被粉饰掉，从人们的视野中消失，被屏蔽于谈话之外。当我们最终意识到自己正面临危机时，这种做法让我们措手不及。

一个令人满意的过程更像是一个曲折起伏的好故事。在这里，没有必要隐瞒坏消息，事实上，它可能正好会激发我们为更令人满意的生活而行动。当我们面对挑战时，我们的力量被激活，我们的使命感被激发。这不能保证我们会成功地带来我们所希望的变化，但我们集中精力并全力以赴做事情的过程会激发我们的活力。这就是"积极希望"的意义所在：当我们以这种方式生活时，现代社会中普遍存在的无聊和空虚就会消失。

约翰·罗宾斯的故事正好说明了这两种追求美好生活方式之间的反差。在他 20 岁的时候，他的生活就是美国式的梦想成真。他的父亲和叔叔创办了史上最大的冰激凌企业，罗宾斯被当作下一任的首席执行官而培养。不过，在这个快乐图景里，有些东西似乎有些不对劲。该公司的广告口号是"我们让人们快乐",但这句话并没有让约翰产生共鸣。虽然冰激凌和微笑似乎是不错的组合,但强化这种搭配的真正后果是导致肥胖和心脏病的增加。容易赚钱的东西对人们的健康没有好处。在《新的美好生活》一书中,罗宾斯描述了他的困境:

> 蛋筒冰激凌不会害死任何人,但人们吃得越多,他们就越有可能出现健康问题,而公司自然希望售出的冰激凌越多越好。

罗宾斯认为,这种对金钱的痴迷不仅是错误的,而且会让人们远离那些让生活最有价值的东西。在描述一条他觉得更有吸引力的道路时,他写道:

> 我觉得自己被召唤去追求一种不同的生活方式,目的不是赚最多的钱,而是创造最大的不同……如果我拒绝这一召唤,我可能会变得富有,但我肯定会对自己不忠诚,而且不快乐。违背我们内心深处的价值观的生活会让我们生病。它也可能导致充满虚伪造作、没有活力的生活。

一个真正令人满意的过程是我们全身心投入的过程。对于罗宾斯来说，千万富翁高管的生活并没有提供这样的机会。21岁时，他放弃了本可属于他的巨额财富。他通过洗盘子和做其他兼职工作来供自己读完大学。1969年，他和妻子迪奥在加拿大的一个岛上建造了一间只有一个房间的小木屋，在那里安家。在接下来的10年里，他们过着简朴的生活，大部分食物都是自己种的，每年的收入不到1,000美元。在描述与他成长的金钱世界的对比时，他写道：

> 迪奥和我都想知道，是否还有其他的可能，甚至可能更充实的东西……我们骨子里的某种东西告诉我们，人类正处于与悲剧碰撞的过程中，我们感到有必要走出激烈的竞争，这样我们才能更真实地走进我们的生活。

几年后，罗宾斯又写了一本销量达百万册的畅销书《新美国的饮食》，探讨了食物、健康和环境之间的联系。书籍销售的收入并没有使罗宾斯和迪奥偏离他们简单的生活，在加拿大那个岛屿上的生活让他们有了一些既深刻又重要的洞察。罗宾斯是这样描述的：

> 这个游戏的目的是看你能在多大程度上减少开支，同时

提高生活质量。这是我们每个人都可以玩的游戏，它有可能丰富我们的生活，改变我们的世界。

如果每个人都像普通的美国人或欧洲人那样生活，我们需要像地球这样的3~5颗行星来供应资源和处理垃圾。因为幸福和消费主义之间的联系已经深深地融入了我们的文化中，所以"放弃"或"削减"的想法通常被视为严峻的考验和威胁。然而，正如罗宾斯指出的，真正的损失来自消费主义。我们正在一点一点地失去我们的世界。我们正在失去森林、鱼类和蜜蜂；我们正在消灭整个物种；我们正在失去社区的丰富性和许多使生活有意义的东西。我们现在正处于失去生存所需的生物支持系统的边缘。

通过学习如何用更少的资源生活，我们将获得更多。在经济不确定的时候，我们要增强我们的韧性，减少我们在资金短缺或货币贬值时如何生活的焦虑。把这个游戏玩好，会让我们更幸福、更充实地生活。

用新的眼光看待成功，品味成功

虽然全身心地投入到我们所做的事情中是使生活满意的一个

重要部分，但这还不够。反复的失败、挫折和缺乏进步会让我们怀疑自己是否在浪费时间。如果看不到出路，就很难坚持走下去。所以理解和体验成功的方式会影响我们继续前进的意愿。

可能给定我们的成功模式通常会把我们带往错误的方向。在**一切照旧**的故事中，成功是用财富、名声或地位来衡量的。一个获得巨额利润的公司被认为是成功的，即使它牟利的方式可能伤害了它的员工和我们的世界。人们之所以被认为是成功的，仅仅是因为他们在数亿人还在挨饿的时候，设法获得了远远超过他们所需要的世界资源的份额。正是对这种成功的渴望导致我们在集体掠夺我们的星球。

随着**大转折**的意识转化，我们认识到自己与所有生命紧密相连，每个人都像是一个更大的身体中的一个细胞。当这个更大的身体生病或死亡的时候，把单个细胞称为"成功"完全是无稽之谈。如果我们想要生存下来，我们就需要革命性地将成功重新定义为有助于我们更大的身体——生命之网的福祉。商业上的成功是很容易计算的，但是我们如何计算为地球的福祉做出贡献的成功？我们是否经常经历这种成功？如果没有，这其中的阻碍是什么？

试一试：反思成功

如果把你对成功的定义理解为对我们这个世界的福祉做出贡献，你觉得自己成功的概率有多高？

当我们达到一个对自己很重要的目标时，我们就会体验到成功。但是，如果我们的目标是消除贫困或向低碳经济转型呢？如果我们想要的改变在我们的有生之年没有发生，这是否意味着我们永远没办法体验到成功？当我们知道自己在前进时，我们会受到鼓舞，我们需要找到更容易发现和经常可以识别的确认我们在进步的标志。在这里，区分最终目标和中间目标是有帮助的。

在第九章里描述的渐进式头脑风暴的过程始于更长远的终极目标。我们无比希望这些目标能够实现，即使我们现在还不知道该如何实现。我们可以从中选择一个终极目标，列出要实现此目标所需的一些条件。例如，我们的目标是消除贫困，我们就需要有广泛的政治意愿、新的税收政策、资源再分配等等。然后，我们找出其中的一项，问自己"为此我们需要实现什么？"。每一个阶段都使我们更接近目前的状况。不久之后，我们将确定我们力所能及的步骤，比如吃食物链中更低端的食物，或者成立一个世界饥饿问题研究行动小组。

对于我们选择追求的任何目标，我们都可以及时回顾以确定立即可行的步骤。每当迈出这样的一步，我们都算获得成功。我们可以花一点时间来享受这些小小的胜利，而不是匆忙地去做下一个任务。

试一试：每天品味成功

下面的开放句对于提示这个过程很有帮助：

· 我最近采取的一个让我感觉良好的行动是……

我们常常会忽视一些行动步骤，比如选择去关注什么方面。即使只是注意到事情严重不对劲，这也是过程中的一步。如果我们足够用心去想要做点什么，这也是一个意义重大的小胜利。仅仅是怀着菩提心参与并做出贡献，也是一种成功。

在一个以竞争的眼光看待成功的社会里，通常只有那些被公认为"赢家"的人才会受到称赞。我们需要学会鼓励自己和为自己鼓掌的技能。我们可以通过想象来自祖先、未来的生命以及超越人类的世界的支持，来加强我们对所采取的步骤的欣赏和认可。当我们发展出接受的能力时，我们会感受到他们在为我们加油。

如果我们组成一个学习行动小组或以其他方式建立支持，我们可以花时间为彼此做这件事，注意并欣赏和认可我们做得好的事情。

当我们回顾过去的成功时，我们可以问："是什么力量帮助我做到了这些？"说出我们的优势会让我们更容易发挥它们。然而，我们所面临的挑战需要我们付出更多的承诺、耐力和勇气，这不是我们个人所能提供的。因此我们需要一个质的转变，用新的眼光去看待事物，它将识别优势的过程提升至一个新的层次，那就是更大的生命之网。就像我们可以认同和共情这个网络上其他生命的痛苦一样，我们也可以认同它们的成功，并汲取它们的力量。有一种古老的佛教冥想可以帮助我们做到这一点。它被称为"伟大的功德球"，是训练我们的道德想象力的极好工具。

试一试：伟大的功德球

放松，闭上你的眼睛，放松你的呼吸……开放你的意识，面对所有在此时与你共享这个星球的生命，在这个房间里，在这个社区里，在这个小镇上，向这个国家和其他国家的所有人开放。当你的意识扩大到可以容纳一切，想象你可以看到他们大量地出现。

现在向所有时间开放，让你的觉知包含所有曾经存在过的众生……所有物种、种族、信仰、各行各业、富人、穷人、国王、乞丐、圣人、罪人……就像连绵不断的山脉一样，这些众生的广阔远景呈现在你的脑海之中。

现在让我们认识到，在这无数的生命中，每个人都有一些善行。无论生命多么渺小或被剥夺，在战场上、在工作场所、在医院或在家里，至少都有一个善意的姿态、一份爱的礼物、一个勇敢的行为或自我牺牲……在众生无尽的生活百态中，每个人都生发出勇气、善良、教导和疗愈的行为……让你自己看到这些各式各样、不可估量的善行。

现在想象你可以把这些善行聚拢在一起。在你面前把它们拢成一堆，用你的双手把它们堆起来，堆成一堆，带着喜悦和感恩的心情看着它们。现在把它们拍成一个球。这就是伟大的功德球。现在拿起它，在你的手中掂量掂量……享受它吧，要知道任何善行都不会失去。它永远是一种当下的资源，一种促进生命的手段，所以现在，带着喜悦和感恩，转动那个伟大的球，不断地转动它，来疗愈我们的世界。

这段冥想来自公元一世纪的一部佛教经典。我们练习得越多，就越熟悉如何从我们狭隘的自我之外汲取力量的过程。了解"伟大的功德球"也可以让我们改变思考自己的行为的方式。每当我们在菩提心的指引下做了一件事，无论它多么微小，都会对我们的世界做出贡献，我们知道我们正在为这个富足的世界增添一份奉献。

第十三章

拥抱积极希望

如果你握住一个网球并用力攥紧，松开手后网球很快就会恢复原状；但你若是用力挤压一个番茄，它肯定会被挤碎。人们常常用复原力来描述这种受到外界干扰后恢复原状的能力。**一切照旧**故事中有害的错误观念认为，我们无法改变世界。这种思维假设无论我们如何努力，世界系统总会像那个回弹的网球一样，不会真正被改变。然而，人类深陷困境的现状证明它不是真的。

贾里德·戴蒙德在一项有关威胁人类文明的因素的研究中，指出了十几种堪称"定时炸弹"的问题，其中包括气候变化、水资源枯竭、过度消耗、人口过多、栖息地破坏、表层土壤流失、毒素水平上升等。这些问题中的任何一个都可能引发人类社会的崩溃。而所有因素综合起来的潜在影响更具有毁灭性。科学作家朱利安·克里布在一项关于威胁人类生存的研究中阐述道："我遇到越来越多的人开始怀疑我们是否正在进入人类历史的'终结'阶段。"我们所面临的不确定性可以用这句话来表达：我们还能生存下去吗？

虽然我们乐于看到社会的某些方面崩溃瓦解，但是未来大规模灾难的前景是相当可怕的。当我们意识到正在走向的未来如悬崖边缘一般，我们会感到恐慌、挫败和麻木是可以理解的。当人们对生活和世界的希望破灭，就像番茄在压力下被挤碎一样，人们就会常常发出这样的抱怨："这有什么意义？还不如放弃。"如果你是一个刚步入社会的年轻人，你也许会觉得自己的未来都被盗走了。

当我们深陷困境时，什么可以帮助我们以积极希望的态度来应对？**大转折**的故事里包含了一个改变游戏规则的重要因素。这就是生命本身具有的超乎寻常的韧性和创造力。番茄的故事提醒我们，被粉碎并不一定是最终的结局。我们可以想象，在一年、十年甚至百年之后，可以看到那个被压碎的番茄在适当的环境中又重新生长出来。经过挤压而被释放的番茄种子可以经历严酷的寒冬和干旱存活下来，一次又一次地萌发出新的生命。这种独特的韧性是大自然的一种强大的力量。你可以从绿色的嫩芽中看到它，它可以让烧毁的森林重焕生机。你也可以从人类自己的创造力中看到它，它让我们有能力重新设计、适应和改变生活方式、组织模式以及基本的生命观。

在这个充满不确定性的时代，我们做出的选择和行动对其未来的发展起着决定性的作用。即使这真是人类文明的终结，这个过程如何发展，也会有不同的版本。如果我们同时考虑到可能发生的最好和最差的状况，那我们能做些什么来促进更好的状况发生，同时减少更糟糕的状况发生的概率？任何时候我们都可以挺身而出，发挥作用，为自己的希望行动，远离那些更有可能让自己感到恐惧的行为。我们生活在一个风险超高的时代，很多事情都取决于我们的所作所为，正如格里塔·桑伯格所说："尽我们所能去做，永远不会太晚。"

我们一直在探索的一个核心问题是："什么会通过你而发生？"你希望哪一个故事通过你变得更强大，发生的可能性更高？如果是**大转折**的故事，你可以通过践行积极希望、采取有步骤的行动来推动它的发生。这包括播下未来可能会发芽的种子，以及培育、发展和支持已经存在的生命可持续性文化的表达。

将来会有这样的时刻，我们会更加开放地投入到积极希望的行动中，感受到心流；但也有些时刻，我们可能会失去信心、失去动力、情绪低落。即使这样，我们总是可以选择回归到生命本身。在本书的最后一个章节，我们把开放视为一个积极的动态过程。我们把所聚焦的三种方式称为"三幕开放"。

如同一部三幕戏剧，每一幕都基于前一幕的剧情向前推进。同时，我们也可以用非线性的方式来看待它们，我们可以在任意时间、以任意顺序让它们相互作用、相辅相成。它们是我们的导航参照点，我们可以用它们来检查自己所在的位置。举例来说，问自己"我是在参与这一幕吗？"，就是一个检验自己是否投入其中的方式。它们也是我们在践行积极希望时可以选择的行动选项。这三幕是：

- ■ 第一幕：睁开双眼
- ■ 第二幕：向协同合作开放
- ■ 第三幕：向经由我们发挥作用的生命开放

第一幕：睁开双眼

我们能给予这个世界最好的礼物就是我们的关注。如果我们不睁开双眼和打开其他感官，我们如何能知道真正发生了什么？我们如何确定所面对的情况是真实的？如果**大转折**需要我们挺身而出来承担应尽的责任，那么睁开双眼和关注现实便是我们开始的方式。

这看起来似乎是一件小事，但当主流社会的默认模式是逃避现实中的痛苦时，我们则需要勇气和决心去保持对现实的关注。为了持续观察和了解正在发生的现实，我们需要不断训练自己的技能、力量和实践，以保持眼界开阔。随着未来的形势日趋严峻，这种训练尤为重要。

我们需要积极希望"重建连接"里的螺旋练习。螺旋的第一步"从感恩出发"提醒我们，睁开双眼不仅仅意味着只看到困难，也看到我们喜爱的事物。第二章里关于"感恩"的部分介绍过开放句的练习。"我热爱/喜欢……"这样的开放句式让我们把目光和关注带进一个旅程。我们的朋友兼同事芭芭拉·福特称其为"带着感恩的目光漫游世界"。为什么不花点时间现在就尝试一下呢？不管身在何处，当你环顾四周，有什么是你珍视、欣赏或热爱的？

关注到热爱的事物可以激发人们意识到它们已经受到了多大的威胁。睁开双眼看到我们为世界感受到的痛苦，也是我们关注现实的一部分。如果你感觉自己像被挤压的番茄，在困境中崩溃，一个有用的句式可以帮你重建思维："这是第一幕，睁开你的双眼

正视现实。"

当我们向内看时，我们还能连接到自己的想象力。这会为我们打开一个宝库，其中充满了启发性的视角和各种可能性。让我们用"如果……会发生什么"来做一个实验，它会邀请我们思考还会有怎样不同的可能性。例如，如果我们在某个遥远的时间或空间，听到地球上的生命正深陷严峻的危机，那会发生什么？我们也许希望能在那里发挥自己的作用。我们可能希望过一种有意义和目标的生活，一种我们可以做些什么来改变现状的生活，那么当下就是那一时刻。然后想象一下，你可以打一个神奇的响指来实现这个愿望。响指一打，我们来到了当下的时空。

第二幕：向协同合作开放

大雁以 V 字形列队飞行时，可以比独自飞行多飞 70% 的旅程。每只大雁尾部产生的空气漩涡，可以为紧随其后的同伴提供向上托起的浮力。因为做头雁领飞是最辛苦的，所以大雁常常变换队形，轮流做头雁领飞。我们可以向大雁学习这种激励人心的协作方式。

我们在第十一章中介绍的一个誓言是"我会支持他人为世界

所做的工作，同时在我需要的时候寻求帮助"。当我们承担起支持的角色时，我们就像群飞的大雁，成为一个更大的编队的一分子。协同是一种同侪力量——它是合作共创的力量。因此，当我们环顾四周，寻找可以支持的人和／或事情时，我们就开始了协同合作。寻求帮助也是如此，当我们这样做时，我们就是在邀请别人和我们一起表达协同力量。

协同是让不同的元素在一起相互作用，从而比其他情况实现更多或不同的结果。这可以包括让生活中的不同部分以相互支持的方式一起工作。当我们将一种新元素带入生活时，不仅此元素本身会产生作用，我们处理它的方式也会带来不同。例如，当我们把一个新的意图带入生活中，或重新承诺之前的意图时，我们带着这个意图一起工作的方式就是打开协同合作的机会。

第三幕：向经由我们发挥作用的生命开放

整体是经由部分来行动的。你可以看到，一个运行良好的团队是通过其成员来工作的。作为团队一员，我们如果想呈现自己的最佳状态，重要的第一步是更多地从"我们"的角度思考，而不是"我"。如果你是一名足球队员，你的注意力要从"我该如何进球得分？"转换为"我们该如何进球得分？"。这样你就能在一个更大的团队中发挥自己的作用，并允许团队经由你来发挥作用。

我们围绕"重建连接"的螺旋所走的是回家的旅程，回到这里，回到地球家园，回到我们所属的更大的生命体。在从独立个体到地球人类的转变中，我们认识到自己是一个更大的生命体的一部分，这个生命体可以经由我们来行动。

对一个团队、家庭或社区的归属感越强，你就越会感受到对它的忠诚，感受到让它引导自己为之行动的意图。随着集体身份圈子的扩大，我们对所有生命的忠诚也在增长。在第五章中，我们介绍了一个佛教术语——菩提心。它是为众生福祉而行动的深切愿望。无论外界发生什么，当我们内心强烈地感受到这一愿望时，它就像一块基石，让我们感到安定可靠。

菩提心建立在我们与所有生命的意识连接的基础之上。向经由我们发挥作用的生命开放，是我们的起点，也是根基。沿着"重建连接"的螺旋前进可以帮助我们加强这种连接，帮助我们更加开放和心怀信任。每走一次螺旋，都在强化我们的菩提心。在一个充满不确定性的时代，这可能是我们唯一能确定的事情。

在佛教传统中，菩提心被视为我们想要珍惜和保护的最珍贵的东西。它如同我们心中的火焰，指引并照耀着我们的行动。菩萨是佛教传统中的英雄形象，他们有着无比强大的菩提心，即使在他们到达涅槃之门，赢得了消融在永恒幸福中的权利时，他们每次都会转身，选择回来。他们选择回到轮回这个苦难之境，因为他们的菩提心在召唤他们为地球上的生命服务，为众生的福祉而行动。

如果我们像菩萨一样，选择在此时此刻回到这个世界生活呢？我们并不需要相信轮回转世也能通过探索这种不同的思考方式而从中获益。本书最后一个练习对工作坊的参与者影响深远。我们称其为菩萨的选择，因为它邀请你通过菩萨的视角来审视生命，然后做出在此时此刻出生并生活在这个地球上的选择。

菩萨的选择

每当你为地球上的生命行动时，你就在表达内在的勇气和慈悲心，那正是你的菩萨自我，是你的一部分。你作为一个有意愿的团队成员，在为远超自我的使命而行动。菩萨的原型存在于所有宗教和社会运动中。如果你有更适合自己的术语或框架，请按照自己的需要使用，以帮助你更好地进行这个练习。

你选择的并不是回到这一星球的**任何**生命中，而是回到最独特的**你**的生命中。也许有些角色属于独一无二的你，因为你为之赋予了独特的品质和生命体验。

　　即使是作为一个思想实验，设想我们是选择了当下的生活环境，这也颇具挑战性。特别是有虐待或侮辱发生的情况，这样的练习可能会被误认为是指责受害者。

　　从我们经历的不公正和受伤害的状况中，探索和获取任何可能的潜在价值，并不意味着我们宽恕这些状况。精神病学家维克多·弗兰克尔曾在纳粹集中营遭受过骇人听闻的暴力虐待，他也做过一个类似的思想实验。当时他在脑海中想象未来可能发生的事实，即有一天他将在世界各地就集中营心理学进行演讲。他找到了一个可以从中汲取力量的意义，这为他自己带来了意想不到的复原力源泉。

　　你可以把这个练习当作个人反思、写日记或者给自己写一封信。如果你与朋友或小团队一起做，你们可以轮流进行，然后分享在此过程中的体验、所激发的想法、感受和洞察。

试一试：菩萨的选择

这个练习的开始是想象自己正站在通往今生的轮回之门，你回到了出生之前的那一刻。在这一次的轮回中，伴随着第三个千禧年的黎明的到来，你将有机会参与到它的巨变中。在经历了数十年日益增长的危险之后，人类文明正把世界带入一个前所未有的灾难与希望并存的境地。

这些挑战有多种形式：气候灾难，核武器的制造和使用，污染和破坏整个生态系统的工业技术，数十亿人在贫困线下挣扎……但有一件事是明确的：人类的意识层面必须发生巨大的飞跃，生命才能在地球上持续生存。听到这些，你决定重新做出自己对生命的承诺，在此时以人类的身份出生，带着学到的关于勇气和社区的一切洞察，重新进入这场战役。这是一个重大的决定，也是一个艰难的决定，因为无法保证你会记得你为什么而回归，也不能保证你会成功地完成使命。此外，你很可能会感到孤独，因为你可能甚至认不出许多其他菩萨，他们和你一样，选择出生在这个时代。

花点时间反思一下，在如此充满挑战的星球上你以人类的身份重生的意愿。你的菩提心在召唤你。然而，这又是一个如此艰难的时刻，你意识到你可能会生来就饱受苦难。

每个人都必然是一个特殊的生命。你不会生来只是一个普通人类，而只能是一个由特定情境塑造出的独特的人。所以，现在就感受一下要迈进这些特定的情境，想象自己可以理解它们将如何帮助你为服务于生命的繁荣做好准备。

步入你的出生年代。你的出生时间会让你意识到特定的情况和事件，并受其影响……

步入你的出生之地。你选择了哪个国家？你出生在一个小镇、城市还是农村？你最先看到了地球的哪个部分？

你选择了什么肤色和种族？社会经济条件如何？这些选择所带来的特权和困难，都会帮助你为将来所从事的工作做好准备。

你出生于什么信仰传统中，或者没有信仰？童年时代的宗教故事和图像（或者完全没有）影响着你如何看待和寻找自己的使命。

现在是一个重要的选择：这次你选择哪一个性别？哪一种性取向？

然后是关于父母的：你选择了谁？也许是养父母，或者亲生父母。父母的优缺点、你将得到的关爱和经历的伤害，都有助于你为将来的工作做好准备。

你是独生子女吗？你有兄弟姐妹吗？这个选择带来的陪伴、竞争、孤独或自主，将会滋养和融合你为世界带来的独特的力量。

这次你选择了什么样的身体和／或精神上的挑战？这些能力的差异会滋养同理心，加深你对他人的困难和能力的理解。

你这一生也会有某些特定的优势和热情。在这个星球上，你选择了什么思想、身体、精神的力量以及欲望？

最后，想象你可以看它一眼，那是一个什么特定的使命需要你完成？

每个选择都与你的实际生活相关，而不是任何幻想的其他生活。你正在做的只是从更广泛的意识维度来看这些选择。这就好像你在记起自己身份的某个重要方面，而它可能一直隐藏在你的视野之外。通过这个过程，你在重新认识你内在的菩萨。

当你对这个练习越来越熟悉时，你可能希望增加或减少这些主题。在后续的练习中，你可以反思自己在这一生中所做的选择，例如教育、灵性实践、核心关系、职业探索和承诺。生活中所有的经历，即使是严酷和有限的经历，也都可以让我们对服务于众生的理解和动力更加神圣和丰富。参加完这个练习，一位同事写道："关于菩萨的选择，我有很多思考。这是一个很赋能的过程。我认为自己是一个有责任心的人，但我从来没有系统地回顾过生命中所有重要的情境，也没有为它们把我带到此时此地而庆祝过。"

找到积极希望的珍珠

鲍瑞斯·赛鲁尼克 10 岁的时候住在被纳粹占领的法国。作为犹太人的后裔，他必须躲藏起来才能活下去。他的家人们被带去奥斯威辛集中营惨遭杀害。鲍里斯极度艰难的经历给他留下了一个问题：是什么帮助我们找到力量，又是什么让我们更加坚韧？他与受虐的儿童、柬埔寨的童兵、卢旺达种族灭绝的幸存者一起工作，成为世界顶尖的精神病学专家之一，致力于帮助儿童从童年的创伤中恢复。在《韧性》一书中，他写道："牡蛎里的珍珠也许是韧性的象征。当一粒沙子进入牡蛎的体内时，牡蛎受到了强烈的刺激，为了保护自己，它不得不分泌一种珍珠状的物质。也正是由于这种防御反应，才产生了坚硬、有光泽而又珍贵的物质。"

当第一幕展开的时候，我们睁开双眼，看到世界的美好以及它所面临的危机。看到自己所热爱的事物时，它提醒我们为之行动；看到危机时，它给我们一个强大的理由去觉醒，去挺身而出并发挥我们的作用。

当第二幕展开的时候，我们理解了协同合作如何产生超越个体目光所及的影响。无论是提供支持还是接受支持，我们都能在更大的团队中找到自己的位置。

当第三幕展开的时候，我们了解到生命正在经由我们发挥作用并想要持续下去。回顾第八章的螺旋时钟，它代表着迄今为止地球上所有生命的流动。我们看到了过去曾经发生的大规模生物灭绝，当时的生态平衡岌岌可危。这是一个不可思议的故事，既有悲剧性的缺失，也有出乎意料的韧性和创造力。这个故事经由我们还在继续。

能够帮助我们面对困境并投身于**大转折**的，是认识到我们每个人都有可以贡献的价值，都可以承担无人可替代的角色。在迎接挑战、发挥一己之力的过程中，我们会获得宝贵的经验。它既丰富了我们的个体生命，也有助于疗愈我们的世界。牡蛎在受到创伤时长出珍珠。我们生长，并给予积极希望。

积极希望支持组

叶菁

张丽娟

魏星

陈坤

刘颖

牟欣宁

　　"积极希望支持组"成立于 2020 年 2 月，是由一群年龄、背景、职业各不相同的"积极希望践行者"组成的自组织社群。我们的使命是"践行和传播积极希望，共建与地球生命体和谐相依的生态系统"。在过去近 4 年中，我们聆听时代的呼唤，响应个人和组织的需求，通过公众号、线上和线下工作坊、共读共译、教练等形式，支持了上万人重建与自己／他人／世界的连接。我们希望这个丰富而鲜活、彼此赋能且不断进化的生态社群可以持续扩展，更广泛地实践，成为建设可持续发展的社会和生态的有力贡献者。

隋海静

江杰

李娜

刘欣　　严飞

姜骋

段晓英

王平波

吴珊

积极希望公众号

关于积极希望工作坊与课程信息

积极希望支持组持续支持和组织"积极希望"相关系列活动，包括线上公益活动、线上专项工作坊，以及线上线下深度工作坊、读书会、在地参访和实践等多元活动，以推广积极希望的理念和方法、支持人们建立连接并践行积极希望。同时，我们也积极参与全球"重建连接"社区的实践和建设。诚邀广大读者朋友参与积极希望的实践和推广。

详情请关注"积极希望"公众号，以及时了解我们最新的活动及课程信息。

积极希望公众号

版权所有，翻印必究。
北京市版权局著作权合同登记号：图字 01-2022-0882 号

图书在版编目（CIP）数据

积极希望/（美）乔安娜·梅西（Joanna Macy），（英）克里斯·约翰斯通（Chris Johnstone）著;积极希望支持组译. -- 北京：华夏出版社有限公司，2024.1
书名原文：Active Hope (revised edition): How to Face the Mess We're in with Unexpected Resilience and Creative Power
ISBN 978-7-5222-0569-4

Ⅰ.①积… Ⅱ.①乔… ②克… ③积… Ⅲ.①环境危机－普及读物 Ⅳ.①X503-49

中国国家版本馆 CIP 数据核字(2023)第 197364 号

积极希望

著　者	[美]乔安娜·梅西　　[英]克里斯·约翰斯通	
译　者	积极希望支持组	
策划编辑	陈志姣	版权统筹　曾方圆
责任编辑	陈志姣	责任印制　刘　洋
营销编辑	张雨杉	装帧设计　殷丽云

出版发行　华夏出版社有限公司
经　销　新华书店
印　刷　三河市少明印务有限公司
装　订　三河市少明印务有限公司
版　次　2024 年 1 月北京第 1 版　　2024 年 1 月 北京第 1 次印刷
开　本　880×1230　1/32 开
印　张　10.25
字　数　168 千字
定　价　59.80 元

华夏出版社有限公司　地址：北京市东直门外香河园北里 4 号　邮编：100028
网址：www.hxph.com.cn　电话：（010）64663331（转）
若发现本版图书有印装质量问题，请与我社营销中心联系调换。